中华人民共和国气候变化
第三次两年更新报告

The People's Republic of China Third Biennial Update Report on Climate Change

生态环境部应对气候变化司 编

中国环境出版集团·北京

图书在版编目（CIP）数据

中华人民共和国气候变化第三次两年更新报告 / 生态环境部应对气候变化司编. -- 北京 : 中国环境出版集团，2024.4

ISBN 978-7-5111-5842-0

Ⅰ. ①中… Ⅱ. ①生… Ⅲ. ①气候变化－研究报告－中国 Ⅳ. ①P468.2

中国国家版本馆 CIP 数据核字(2024)第 075524 号

责任编辑 韩 睿
封面设计 彭 杉

出版发行 中国环境出版集团
（100062 北京市东城区广渠门内大街 16 号）
网 址：http://www.cesp.com.cn
电子邮箱：bjgl@cesp.com.cn
联系电话：010-67112765（编辑管理部）
发行热线：010-67125803，010-67113405（传真）

印 刷 北京中科印刷有限公司
经 销 各地新华书店
版 次 2024 年 4 月第 1 版
印 次 2024 年 4 月第 1 次印刷
开 本 880 × 1230 1/16
印 张 12.75
字 数 200 千字
定 价 96.00 元

序 言

根据2010年《联合国气候变化框架公约》（以下简称《公约》）第十六次缔约方大会通过的第 1/CP.16 号决定以及 2011 年《公约》第十七次缔约方大会通过的第 2/CP.17 号决定，非附件一缔约方应根据其能力及为编写报告所获得的支持程度，从2014年开始提交两年更新报告。在全球环境基金赠款支持下，中华人民共和国（以下简称中国）政府此前已提交三次国家信息通报和两次两年更新报告。

在全球环境基金赠款支持下，《中华人民共和国气候变化第三次两年更新报告》遵循了《公约》第十七次缔约方大会通过的有关非附件一缔约方两年更新报告编制指南的要求，同时参考了《巴黎协定》强化透明度框架模式、程序和指南（MPGs）的最新要求。其中，国家温室气体清单为2018年数据，尽可能多地参考了《2006年IPCC国家温室气体清单编制指南》，并对国家自主贡献目标基准年进行了回算，以期向《巴黎协定》双年透明度报告过渡。

报告内容包括国家温室气体清单、减缓行动及其效果、其他需要报告的信息、香港特别行政区应对气候变化基本信息、澳门特别行政区应对气候变化基本信息等篇章。国情、特区区情及机构安排，收到的和需要的资金、技术、能力建设支持等相关内容请参见《中华人民共和国气候变化第四次国家信息通报》，在本报告中不再重复。

本报告在广泛征求意见的基础上，经过多次反复修改，经由国务院授权后，与《中华人民共和国气候变化第四次国家信息通报》一同，由中国应对气候变化主管部门生态环境部正式作为《公约》履约报告提交。香港特别行政区、澳门特别行政区应对气候变化基本信息分别由香港特别行政区政府环境保护署、澳门特别行政区政府地球物理暨气象局提供。

Foreword

According to decision 1/CP.16 adopted in 2010 at the sixteenth session of the Conference of the Parties (COP 16) to the United Nations Framework Convention on Climate Change (UNFCCC), and decision 2/CP.17 adopted at COP 17 in 2011, non-Annex Ⅰ Parties, consistent with their capabilities and the level of support received for reporting, are expected to submit biennial update reports starting from 2014. With the support of the grants from the Global Environment Facility (GEF), the government of the People's Republic of China (hereinafter referred to as China) has submitted three national communications (NCs) and two biennial update reports (BURs) on climate change.

Compiled under the support of the GEF grant, The People's Republic of China's Third Biennial Update Report on Climate Change follows the requirements of the UNFCCC biennial update reporting guidelines for non-Annex Ⅰ Parties, which was approved by the COP 17. At the same time, it takes into account the modalities, procedures and guidelines (MPGs) for the enhanced transparency framework under the Paris Agreement. The national greenhouse gas inventory presented herein is of data in 2018. It aligns as much as possible to the 2006 IPCC Guidelines for National Greenhouse Gas Inventories and includes updated calculations corresponding to the reference period of the Nationally Determined Contributions (NDCs), in preparation of the biennial transparency report (BTR) under the

Paris Agreement in the future.

The report includes chapters on national greenhouse gas inventory, mitigation actions and their effects, basic information of the Hong Kong Special Administrative Region (SAR) on addressing climate change, basic information of the Macao SAR on addressing climate change, and other information. With regard to national circumstances and institutional arrangements and finance, technology and capacity-building support received and required, please refer to The People's Republic of China's Fourth National Communication on Climate Change, the relevant content will not be repeated in this report.

This report was approved by the State Council after multiple revisions based on broad comments and officially submitted by the Ministry of Ecology and Environment together with The People's Republic of China Fourth National Communication on Climate Change in fulfillment of the requirement of the Convention. The basic information of Hong Kong SAR and Macao SAR on addressing climate change in this report is provided by the Environmental Protection Department of the Hong Kong SAR Government and the Meteorological and Geophysical Bureau of the Macao SAR Government respectively.

目　录

Contents

第一部分 国家温室气体清单

根据《公约》缔约方大会决定和中国的国情，2018年国家温室气体清单编制范围包括能源活动、工业生产过程、农业活动、土地利用、土地利用变化和林业（LULUCF）、废弃物处理5个领域中二氧化碳（CO_2）、甲烷（CH_4）、氧化亚氮（N_2O）、氢氟碳化物（HFCs）、全氟化碳（PFCs）和六氟化硫（SF_6）的排放和吸收。根据《巴黎协定》有关透明度规则，并保持一致性[illegible]年清单，[illegible]参考《2006年IPCC国家温室气体清单编制指南》[1]（以下简称《2006年IPCC清单指南》）[illegible]

[illegible]

本清单[illegible]《2006年IPCC清单指南》[illegible]《1996年IPCC清单指南》、《IPCC国家温室气体清单编制指南（1996年修订版）》（以下简称《1996年IPCC清单指南》）、《IPCC国家温室气体清单优良作法指南和不确定性管理》（以下简称《IPCC优良作法指南》）和《IPCC土地利用、土地利用变化和林业优良作法指南》（以下简称《IPCC林业优良作法指南》）进行计算，[illegible]

---

[1] IPCC（Intergovernmental Panel on Climate Change）：政府间气候变化专门委员会。

根据《公约》的相关决定和中国的国情，2018 年国家温室气体清单编制和报告范围包括能源活动，工业生产过程，农业活动，土地利用、土地利用变化和林业（LULUCF），废弃物处理 5 个领域中二氧化碳（CO_2）、甲烷（CH_4）、氧化亚氮（N_2O）、氢氟碳化物（HFCs）、全氟化碳（PFCs）和六氟化硫（SF_6）的排放和吸收。根据《巴黎协定》有关实施细则，非附件一缔约方自 2024 年起，所提交的清单报告需参考《2006 年 IPCC 国家温室气体清单编制指南》[1]（以下简称《2006 年 IPCC 清单指南》）进行编制。为提前做好技术储备和加强自身能力建设，顺利按照新规则完成履约工作，本轮清单编制方法正逐步向《2006 年 IPCC 清单指南》转型，主要遵循《2006 年 IPCC 清单指南》、《IPCC 国家温室气体清单编制指南》（1996 年修订版）（以下简称《1996 年 IPCC 清单指南》）、《IPCC 国家温室气体清单优良作法指南和不确定性管理》（以下简称《IPCC 优良作法指南》）和《IPCC 土地利用、土地利用变化和林业优良作法指南》（以下简称《IPCC 林业优良作法指南》）进行计算。活动水平数据主要来自官方的统计资料，排放因子优先采用本国参数，其次采用 IPCC 指南缺省值。

[1] IPCC（Intergovenmental Panel on Climate Change）是联合国政府间气候变化专门委员会。

第一章　清单范围和计算方法

一、关键类别分析

根据《2006 年 IPCC 清单指南》，清单编制机构采用方法 1 分析 2018 年国家温室气体清单的关键类别。结果表明，2018 年国家温室气体清单共有 51 个关键类别，包括公用电力和热力、钢铁工业、建材制造及道路交通等能源活动排放源，水泥生产等二氧化碳排放、己二酸生产氧化亚氮排放及氟化工生产过程氢氟碳化物排放等工业生产过程排放源，动物肠道发酵、动物粪便管理、水稻种植甲烷排放及农用地氧化亚氮排放等农业活动排放源，填埋处理和废水处理甲烷排放等废弃物处理排放源，保持不变的土地和转化而来的土地的碳储量变化与非二氧化碳排放等土地利用、土地利用变化与林业排放源和吸收汇。这些关键类别在 2018 年国家温室气体清单中都尽量采用层级较高的计算方法及本国排放因子。2018 年中国各领域温室气体清单计算方法见表 1-1。

表 1-1　2018 年中国各领域温室气体清单计算方法

排放源/吸收汇类别	CO_2		CH_4		N_2O	
	方法论	排放因子	方法论	排放因子	方法论	排放因子
能源工业	T2	D，CS	T1，T2	D，CS	T1，T2	D，CS
制造业和建筑业	T2	D，CS	T1	D	T1	D
交通运输	T2	D，CS	T1，T3	D，CS	T1，T3	D，CS
其他行业	T2	D，CS	T1	D	T1	D
固体燃料逸散排放			T1，T2，T3	D，CS		
石油和天然气逸散排放			T1，T3	D，CS		
非金属矿物制品生产	T1，T2	D，CS				

排放源/吸收汇类别	CO_2		CH_4		N_2O	
	方法论	排放因子	方法论	排放因子	方法论	排放因子
化学工业生产	T1，T2	D，CS	NE	NE	T2	CS
金属制品生产	T1，T2	D，CS	T1	D	NO	NO
源于燃料和溶剂的非能源产品使用	T1	D				
动物肠道发酵			T1，T2	D，CS		
动物粪便管理			T1，T2	D，CS	T1，T2	D，CS
水稻种植			T3	CS		
农用地					T1，T2	D，CS
秸秆田间焚烧			T1	D	T1	D
林地	T2	CS	T1	D	T1	D
农地	T3	CS	IE	IE	IE	IE
草地	T2	CS	T1	D	T1	D
湿地	T2	CS	T2	CS	NE	NE
建设用地	T2	CS				
其他用地	T2	CS				
木质林产品	T2	CS				
填埋处理			T1，T2	D，CS		
生物处理			T1，T2	D，CS	T1，T2	D，CS
废水处理			T1，T2	D，CS	T1，T2	D，CS
焚烧处理	T2	CS	T1	D，CS	T1	D，CS

注：1. 方法论代码中 T1 代表层级 1 方法，T2 代表层级 2 方法，T3 代表层级 3 方法；
2. 排放因子代码中 CS 代表本国特定排放因子，D 代表 IPCC 缺省排放因子；
3. IE（列于他处）表示此排放源在其他子领域计算和报告；NE（未计算）表示未计算排放源或吸收汇；NO（未发生）表示不存在此排放源或吸收汇；
4. 并列出现表示该类别下的不同子类别采用了不同的层级方法或排放因子数据来源；
5. 阴影部分表示不需计算。

二、能源活动

2018 年中国能源活动温室气体清单报告内容包括燃料燃烧和逸散排放。燃料燃烧覆盖能源工业、制造业和建筑业、交通运输及其他部门。其中，其他部门细分为服务业、农业和居民生活。逸散排放覆盖固体燃料和油气系统的甲烷排放。化石燃料燃烧二氧化碳排放采用 IPCC 部门法计算，并利用参考方法进行校核。发电和供热的甲烷和氧化亚氮排放采用层级 2 方法计算，其他固定燃烧源甲烷和氧化亚氮排放采用层级 1 方法计算。移动燃烧源中道路交通采用了层级 3 的模型方法（COPERT 模型）计算，航空采用层级 2 方法计算，铁路、水运和管道交通采用层级 1 方法计算。生物质燃料中居民生活、废弃物燃烧等甲烷排放量计算采用层级 2 方法计算，其他部分采用层级 1 方法计算。井工矿开采和矿后活动排放采用层级 2 方法计算，露天煤矿开采采用层级 1 方法计算，废弃矿井采用层级 3 方法计算。油气系统甲烷逸散排放采用层级 1 和层级 3 相结合的方法计算。

三、工业生产过程

2018 年中国工业生产过程温室气体清单报告内容包括非金属矿物制品生产、化学工业生产、金属制品生产、源于燃料和溶剂的非能源产品使用，以及卤烃和六氟化硫消费的温室气体排放。与 2014 年国家温室气体清单报告相比，化学工业生产新增己内酰胺、二氧化钛、甲醇和乙烯共 4 个产品的排放源；将润滑油和石蜡源于燃料和溶剂的非能源产品使用的排放由能源活动调整至工业生产过程；将原有的卤烃和六氟化硫生产调整至化学工业生产下的氟化工生产过程进行报告。本次清单编制全面采用《2006 年 IPCC 清单指南》，多数排放源采用层级 2 方法计算，见表 1-1。

四、农业活动

2018 年中国农业温室气体清单报告内容包括动物肠道发酵甲烷排放、动物粪便管理甲烷和氧化亚氮排放、水稻种植甲烷排放、农用地氧化亚氮排放，以及秸秆田间焚烧甲烷和氧化亚氮排放。报告范围同 2014 年国家温室气体清单。动物肠道发酵和动物粪便管理的排放源采用《2006 年 IPCC 清单指南》层级 2 方法计算，水稻种植甲烷排放和农用地氧化亚氮排放采用本国模型 CH4MOD 和 IAP-N 计算，分别属于《2006年IPCC清单指南》层级3和层级2方法；其他排放源采用层级1方法计算，见表1-1。

五、土地利用、土地利用变化和林业

2018年中国土地利用、土地利用变化和林业温室气体清单报告范围包括林地、农地、草地、湿地、建设用地和其他用地等6种土地利用类型的温室气体排放和吸收。每一种土地划分为保持不变的土地和转化而来的土地利用变化类型，都根据实际情况分别计算其地上生物量、地下生物量、枯落物、枯死木和土壤有机碳五大碳库的碳储量变化和火烧引起的非二氧化碳温室气体排放。农地土壤有机碳储量变化采用层级3方法进行评估。木质林产品碳储量变化采用“生产法”进行评估。其他碳库的地上生物量、地下生物量、枯落物、枯死木和土壤有机碳库的碳储量变化，采用GPG-LULUCF中的“储量变化法”及层级2方法进行评估。湿地甲烷采用层级2方法进行评估。林地和草地火烧排放采用层级1方法进行评估。

六、废弃物处理

2018年中国废弃物处理温室气体清单报告内容包括填埋处理、生物处理、废水处理以及焚烧处理中危险废物、医疗废物和污泥焚烧排放，而城市生活垃圾焚烧作为能源利用报告在能源活动领域。填埋处理温室气体排放采用一阶动力学衰减方法（层级2方法）计算。焚烧处理、生物处理及废水处理采用了《2006年IPCC清单指南》方法计算，但生活污水处理甲烷排放采用了简化算法，如表1-1所示。

第二章 数据来源

一、能源活动

2018 年中国化石燃料燃烧的活动水平数据主要来自国家统计局及其他政府部门相关统计资料。2018 年中国煤炭、石油和天然气消费量分别为 27.84 亿吨标准煤、8.92 亿吨标准煤和 3.59 亿吨标准煤，见表 1-2。

表 1-2 2018 年中国主要能源活动水平数据

	活动水平		活动水平
煤炭消费量/亿吨标准煤	27.84	井工开采煤炭产量/亿吨	31.13
石油消费量/亿吨标准煤	8.92	天然气产量/亿立方米	1 601.59
天然气消费量/亿吨标准煤	3.59	原油产量/亿吨	1.89

煤炭逸散排放的活动水平数据主要来自《中国能源统计年鉴 2019》和《世界煤炭工业发展研究（2020)》。油气系统逸散排放的活动水平数据主要来自国家统计局及中国主要油气集团报告的基础数据等。

电力行业燃煤的单位热值含碳量和碳氧化率来源于全国碳市场发电企业实测数据。天然气和液化天然气的单位热值含碳量采用中国主要油气田和进口天然气组分实测数据。全国平均的井工开采和矿后活动甲烷排放因子来源于全国煤矿矿井瓦斯等级鉴定信息。其他排放因子采用 2014 年国家温室气体清单数据或《2006 年 IPCC 清单指南》提供的缺省值。

二、工业生产过程

2018 年中国水泥熟料产量来源于国家统计局的统计资料，合成氨、硝酸、钢铁、铝、镁、铅和锌产量主要来源于《中国工业统计年鉴 2019》，甲醇和乙烯产量主要来自《中国化学工业年鉴 2019》。电石产量主要来源于中国电石工业协会统计，石灰产量来源于中国石灰产业学会的调研数据，纯碱、己二酸产量主要来自企业统计等，主要活动水平数据详见表 1-3。水泥熟料、合成氨、己二酸、电石、甲醇、乙烯、氟化工和钢铁生产等排放源的排放因子相关参数采用典型企业调研方法所获取的本国数据，铝冶炼、镁冶炼、铅冶炼生产等排放因子沿用国家温室气体清单的数据。其余则借鉴《2006 年 IPCC 清单指南》缺省排放因子。

表 1-3　2018 年中国主要工业生产过程活动水平数据

单位：万吨

	活动水平		活动水平
水泥熟料产量	142 000	甲醇产量	5 576
粗钢产量	92 904	电解铝产量	3 683
合成氨产量	4 587	HCFC-22 产量	68.3

三、农业活动

2018 年中国农业活动水平数据主要来源于《中国统计年鉴 2019》、《中国农村统计年鉴 2019》、《中国畜牧兽医年鉴 2019》、中国农业科学院农业信息研究所、各省（区、市）2019 年统计年鉴及第三次农业普查等，主要活动水平数据见表 1-4。奶牛、肉牛、水牛、绵羊和山羊肠道发酵，以及猪、肉牛、奶牛、山羊和绵羊等主要动物粪便管理的甲烷排放因子均采用本国数据；2018 年水稻生长季和冬水田非水稻生长季的甲烷排放因子采用模型计算；农用地氧化亚氮直接排放因子来源于不同区域不同农用地类型多年田间监测数据，汇总成分区域、分农用地类型（包括非蔬菜旱作地、不同轮作的水稻种植、蔬菜地、果园、茶园等）的排放因子；其他排放因子则采用《2006 年 IPCC 清单指南》提供的缺省值。

表 1-4　2018 年中国主要农业活动水平数据

	活动水平		活动水平
牛年末存栏量/万头	8 915.3	粮食作物播种面积/万公顷	11 703.8
生猪年末存栏量/万头	42 817.4	稻谷播种面积/万公顷	3 018.9
家禽年末存栏量/万只	603 738.7	氮肥消费量/万吨	2 065.4
羊年末存栏量/万只	29 712.7	复合肥折纯消费量/万吨	2 268.8
农作物总播种面积/万公顷	16 590.2		

四、土地利用、土地利用变化和林业

2018 年中国土地利用、土地利用变化和林业清单的编制采用了全国第 6～9 次森林资源连续清查和 2021 年全国林草生态综合监测的资料数据，并根据各省（自治区、直辖市）的实际清查年份，采用内插、加总等方式获得 2018 年全国的活动水平数据，见表 1-5。林地清单的排放因子和农地土壤碳的排放因子采用当年的本国特征数据。

表 1-5　2018 年中国土地利用、土地利用变化和林业的主要活动水平数据

单位：万公顷

	活动水平		活动水平
乔木林地面积	18 710.2	农地面积	12 861.4
竹林地面积	665.3	草地面积	26 594.6
灌木林地面积	5 702.9	湿地面积	5 406.7
其他林地面积	2 129.6	建设用地面积	4 484.0

五、废弃物处理

2018 年中国废弃物处理的活动水平数据来源于《2018 年城市建设统计年鉴》和《中国环境统计年鉴 2019》等，主要活动水平数据见表 1-6。填埋处理、焚烧处理和废水处理的部分排放因子采用本国数据，其他排放因子参考《2006 年 IPCC 清单指南》提供的缺省值。

表 1-6　2018 年中国主要废弃物处理活动水平数据

单位：万吨

	活动水平
城市生活垃圾填埋量	11 706.02
城市生活垃圾焚烧量	10 184.92
城市生活垃圾堆肥量	674.42
废水化学需氧量排放量	554.91

第三章 2018 年国家温室气体清单

一、温室气体清单综述

2018 年中国温室气体排放总量（包括 LULUCF）约为 117.79 亿吨二氧化碳当量（表 1-7），其中，二氧化碳、甲烷、氧化亚氮、氢氟碳化物、全氟化碳和六氟化硫所占比重分别为 81.1%、11.4%、5.0%、1.6%、0.2%和 0.6%（各类温室气体的排放和吸收情况详见表 1-8）。土地利用、土地利用变化和林业的温室气体吸收汇为 12.57 亿吨二氧化碳当量，如不考虑土地利用、土地利用变化和林业，温室气体排放总量为 130.35 亿吨二氧化碳当量。全球增温潜势值主要采用《IPCC 第二次评估报告》中 100 年时间尺度下的数值（表 1-9）。2018 年中国温室气体排放和吸收的详细信息见表 1-10 和表 1-11。

表 1-7 2018 年中国温室气体总量

单位：亿吨二氧化碳当量

	CO_2	CH_4	N_2O	HFCs	PFCs	SF_6	合计
能源活动	94.26	6.02	1.27				101.55
工业生产过程	14.66	0.00	1.37	1.89	0.22	0.73	18.87
农业活动		5.01	2.92				7.93
土地利用、土地利用变化和林业	−13.40	0.84	0.00				−12.57
废弃物处理	0.03	1.60	0.37				2.00
总量（不包括 LULUCF）	108.96	12.63	5.93	1.89	0.22	0.73	130.35
总量（包括 LULUCF）	95.55	13.46	5.94	1.89	0.22	0.73	117.79

注：1. 阴影部分不需填写；

2. 0.00 表示计算结果小于 0.005 亿吨二氧化碳当量；

3. 此表中部分数据因四舍五入，可能存在总计与分项合计不等的情况。

表 1-8　2018 年中国温室气体排放构成

温室气体	包括土地利用、土地利用变化和林业		不包括土地利用、土地利用变化和林业	
	排放量/亿吨二氧化碳当量	比重/%	排放量/亿吨二氧化碳当量	比重/%
二氧化碳	95.55	81.1	108.96	83.6
甲烷	13.46	11.4	12.63	9.7
氧化亚氮	5.94	5.0	5.93	4.6
含氟气体	2.84	2.4	2.84	2.2
合计	117.79	100.0	130.35	100.0

注：此表中部分数据因四舍五入，可能存在总计与分项合计不等的情况。

表 1-9　清单所涉及温室气体的全球增温潜势

温室气体种类	全球增温潜势	温室气体种类	全球增温潜势
CO_2	1	HFC-152a	140
CH_4	21	HFC-227en	2 900
N_2O	310	HFC-236fa	6 300
HFC-23（CHF_3）	11 700	HFC-245fa	1 030
HFC-32	650	HFC-365mfc	794
HFC-125	2 800	PFC-14（CF_4）	6 500
HFC-134a	1 300	PFC-116（C_2F_6）	9 200
HFC-143a	3 800	SF_6	23 900

注：HFC-245fa 和 HFC-365mfc 全球增温潜势值采用《IPCC 第四次评估报告》中 100 年时间尺度下的数值。

能源活动是中国温室气体的主要排放源。2018 年中国能源活动排放量占温室气体总排放量（不包括 LULUCF）的 77.9%，工业生产过程、农业活动和废弃物处理的温室气体排放量所占比重分别为 14.5%、6.1%和 1.5%，如图 1-1 所示。

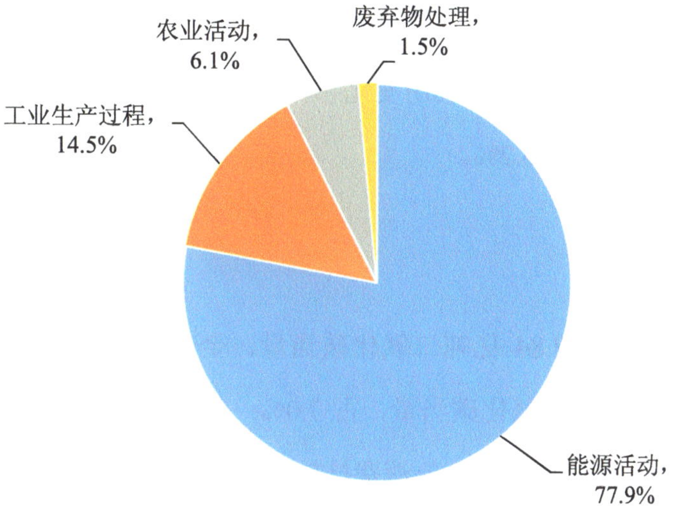

图 1-1 2018 年中国温室气体排放领域构成（不包括 LULUCF）

（一）二氧化碳

2018 年中国二氧化碳排放量（包括 LULUCF）为 95.55 亿吨。若不包括土地利用、土地利用变化和林业，2018 年中国二氧化碳排放量为 108.96 亿吨，其中能源活动排放 94.26 亿吨，占 86.5%；工业生产过程排放 14.66 亿吨，占 13.5%，见表 1-7。土地利用、土地利用变化和林业表现为吸收汇，共吸收二氧化碳 13.40 亿吨。此外，2018 年国际航空排放 0.47 亿吨二氧化碳，国际航海排放 0.33 亿吨二氧化碳，生物质燃烧排放 3.17 亿吨二氧化碳，作为信息项报告不计入清单的排放总量，见表 1-10。

（二）甲烷

2018 年中国甲烷排放量（包括 LULUCF）为 6 411.3 万吨，其中能源活动排放 2 865.8 万吨，占 44.7%；工业生产过程排放 0.5 万吨；农业活动排放 2 384.6 万吨，占 37.2%；土地利用、土地利用变化和林业排放 398.1 万吨，约占 6.2%；废弃物处理排放 762.2 万吨，占 11.9%。

（三）氧化亚氮

2018 年中国氧化亚氮排放量（包括 LULUCF）为 191.5 万吨，其中能源活动排放 41.1 万吨，占 21.5%；工业生产过程排放 44.1 万吨，占 23.0%；农业活动排放 94.3 万吨，占 49.2%；土地利用、土地利用变化和林业排放为 0.1 万吨，占比不到 0.1%；废弃物处理排放 11.9 万吨，占 6.2%。

（四）含氟气体

中国含氟气体排放量为 2.84 亿吨二氧化碳当量，全部来自工业生产过程。其中金属制品生产排放 0.20 亿吨二氧化碳当量，占 7.0%；化学工业生产排放 0.30 亿吨二氧化碳当量，占 10.6%；卤烃和六氟化硫消费排放 2.34 亿吨二氧化碳当量，占 82.4%。含氟气体排放详见表 1-11。

二、能源活动

2018 年中国能源活动的温室气体排放量为 101.55 亿吨二氧化碳当量，其中燃料燃烧排放 95.88 亿吨二氧化碳当量，占 94.4%；逸散排放 5.67 亿吨二氧化碳当量，占 5.6%。

从气体种类构成来看，二氧化碳排放量为 94.26 亿吨，全部来自燃料燃烧；甲烷排放量为 2 865.8 万吨，其中燃料燃烧排放占 5.8%，逸散排放占 94.2%；氧化亚氮排放量为 41.1 万吨，全部来自燃料燃烧。清单编制机构还采用参考方法对化石燃料燃烧的二氧化碳排放进行核算。结果表明，参考方法与部门方法的结果相差低于 5%。

表 1-10 2018 年中国二氧化碳、甲烷和氧化亚氮清单

单位：万吨

温室气体排放源与吸收汇类别	CO_2	CH_4	N_2O
总量（不包括 LULUCF）	1 089 586.6	6 013.2	191.4
总量（包括 LULUCF）	955 539.4	6 411.3	191.5
1．能源活动	942 619.4	2 865.8	41.1
– 燃料燃烧	942 619.4	165.8	41.1
◆能源工业	440 332.6	10.2	29.1
◆制造业和建筑业	334 433.6	29.2	7.5

温室气体排放源与吸收汇类别	CO_2	CH_4	N_2O
♦交通运输	98 202.8	12.9	2.3
♦其他行业	69 650.5	113.5	2.2
– 逸散排放		2 700.1	
♦固体燃料		2 512.2	
♦油气系统		187.9	
2. 工业生产过程	146 625.2	0.5	44.1
– 非金属矿物制品生产	99 136.0		
– 化学工业生产	29 057.6		44.1
– 金属制品生产	18 167.0	0.5	NO
– 源于燃料和溶剂的非能源产品使用	264.5		
– 卤烃和六氟化硫消费			
3. 农业活动		2 384.6	94.3
– 动物肠道发酵		1 084.1	
– 动物粪便管理		346.1	21.7
– 水稻种植		932.9	
– 农用地			72.0
– 秸秆田间焚烧		21.6	0.6
4. 土地利用、土地利用变化和林业	–134 047.3	398.1	0.1
– 林地	–96 579.2	0.1	0.0
– 农地	–7 810.0	IE	IE
– 草地	–10 175.2	0.1	0.1
– 湿地	–8 641.7	398.0	NE
– 建设用地	–91.8		
– 其他用地	109.5		
– 木质林产品	–10 859.0		
5. 废弃物处理	342.0	762.2	11.9
– 填埋处理		468.6	
– 生物处理		2.7	0.2
– 废水处理		290.8	11.3
– 焚烧处理	342.0	0.1	0.4

温室气体排放源与吸收汇类别	CO_2	CH_4	N_2O
6. 信息项			
– 国际航空	4 683.4	0.0	0.1
– 国际航海	3 329.8	0.3	0.1
– 生物质燃烧	31 658.4		

注：1. 阴影部分不需填写；

2. 0.0 表示数值低于 0.05 万吨；

3. NE（未计算）表示未计算该排放源或吸收汇；IE（列于他处）表示此排放源在其他子领域计算和报告；NO（未发生）表示不存在此排放源或吸收汇；

4. 此表中部分数据因四舍五入，可能存在总计与分项合计不等的情况；

5. 信息项不计入排放总量。

三、工业生产过程

2018 年中国工业生产过程的温室气体排放总量为 18.87 亿吨二氧化碳当量，其中非金属矿物制品生产排放 9.91 亿吨二氧化碳当量，占 52.5%；化学工业生产排放 4.57 亿吨二氧化碳当量，占 24.2%；金属制品生产排放 2.02 亿吨二氧化碳当量，占 10.7%；源于燃料和溶剂的非能源产品使用排放 0.03 亿吨二氧化碳当量，占 0.1%；卤烃和六氟化硫消费排放 2.34 亿吨二氧化碳当量，占 12.4%。

从气体种类构成来看，二氧化碳排放量为 14.66 亿吨，其中非金属矿物制品生产排放占 67.6%，化学工业生产排放占 19.8%，金属制品生产排放占 12.4%，源于燃料和溶剂的非能源产品使用排放占 0.2%；甲烷排放 0.5 万吨，全部来自金属制品生产；氧化亚氮排放量为 44.1 万吨，全部来自化学工业生产；氢氟碳化物排放量为 1.89 亿吨二氧化碳当量，其中卤烃和六氟化硫消费排放占 84.8%，化学工业生产占 15.2%；全氟化碳排放量为 0.22 亿吨二氧化碳当量，其中金属制品生产排放占 90.3%，卤烃和六氟化硫消费排放占 9.3%，化学工业生产排放占 0.4%；六氟化硫排放量为 0.73 亿吨二氧化碳当量，其中卤烃和六氟化硫消费排放占 98.2%，化学工业生产占 1.8%。

表 1-11　2018 年中国含氟气体排放量

单位：万吨

排放源类型	HFCs										PFCs		SF_6
	HFC-23	HFC-32	HFC-125	HFC-134a	HFC-143a	HFC-152a	HFC-227ea	HFC-236fa	HFC-245fa	HFC-365mfc	CF_4	C_2F_6	
总排放量	0.20	3.04	2.58	4.46	0.23	0.07	0.18	0.01	0.04	0.00	0.29	0.03	0.30
1. 能源活动													
2. 工业生产过程	0.20	3.04	2.58	4.46	0.23	0.07	0.18	0.01	0.04	0.00	0.29	0.03	0.30
– 非金属矿物制品生产													
– 化学工业生产	0.20	0.10	0.08	0.09	0.01	0.02	0.01	0.00	0.01		0.00	0.00	0.01
– 金属制品生产											0.26	0.03	NO
– 源于燃料和溶剂的非能源产品使用													
– 卤烃和六氟化硫消费	0.00	2.94	2.50	4.37	0.22	0.05	0.17	0.01	0.03	0.00	0.03	0.00	0.30
3. 农业活动													
4. 土地利用、土地利用变化和林业													
5. 废弃物处理													

注：1. 阴影部分不需填写；

2. 0.00 表示数值低于 0.05 万吨；

3. NO（未发生）表示不存在此排放源或吸收汇；

4. 此表中部分数据因四舍五入，可能存在总计与分项合计不等的情况。

四、农业活动

2018 年中国农业活动温室气体排放总量为 7.93 亿吨二氧化碳当量，其中动物肠道排放 2.28 亿吨二氧化碳当量，占 28.7%；动物粪便管理排放 1.40 亿吨二氧化碳当量，占 17.7%；水稻种植排放 1.96 亿吨二氧化碳当量，占 24.7%；农用地排放 2.23 亿吨二氧化碳当量，占 28.1%；秸秆田间焚烧排放 0.06 亿吨二氧化碳当量，占 0.8%。

从气体种类构成来看，甲烷排放量为 2 384.6 万吨，其中动物肠道排放占 45.5%，动物粪便管理排放量占 14.5%，水稻种植排放占 39.1%，秸秆田间焚烧排放占 0.9%；氧化亚氮排放量为 94.3 万吨，其中动物粪便管理排放占 23.0%，农用地排放占 76.4%，秸秆田间焚烧排放占 0.6%。

五、土地利用、土地利用变化和林业

2018 年中国土地利用、土地利用变化和林业吸收二氧化碳 13.40 亿吨，排放甲烷 398.1 万吨，排放氧化亚氮 0.1 万吨，净吸收 12.57 亿吨二氧化碳当量。林地、农地、草地、湿地、建设用地和木质林产品分别吸收 9.66 亿吨二氧化碳当量、0.78 亿吨二氧化碳当量、1.02 亿吨二氧化碳当量、0.03 亿吨二氧化碳当量、0.01 亿吨二氧化碳当量、1.09 亿吨二氧化碳当量。其他用地排放 0.01 亿吨二氧化碳当量。

六、废弃物处理

2018 年中国废弃物处理温室气体排放总量为 2.00 亿吨二氧化碳当量，其中填埋处理排放 0.98 亿吨二氧化碳当量，占 49.1%；废水处理排放 0.96 亿吨二氧化碳当量，占 48.0%；焚烧处理排放 0.05 亿吨二氧化碳当量，占 2.3%；生物处理排放 0.01 亿吨二氧化碳当量，占 0.6%。另外，城市生活垃圾焚烧排放 0.31 亿吨二氧化碳当量，报告在能源活动清单。

从气体种类构成来看，甲烷排放 762.2 万吨，占 79.9%，其中填埋处理排放占 61.5%，废水处理排放占 38.2%，生物处理排放占 0.4%，焚烧处理排放占不到 0.1%；氧化亚氮排放 11.9 万吨，占 18.4%，其中废水处理排放占 95.0%，焚烧处理排放占 3.3%，生物处理排放占 1.7%。

第四章　2005 年国家温室气体清单信息

一、2005 年温室气体排放的回算

随着计算方法的不断改进、计算范围的适时拓展和基础数据的必要更新，同时对 2005 年的温室气体清单采用与 2018 年的相同编制方法又进行了回算。

回算后的 2005 年能源活动清单进一步拆分、细化制造业和建筑业，排放源由原先的 10 类细分至 13 类；除生物质燃烧的木炭外，其余生物质燃烧分别报告在公用电力和热力、居民生活等子领域；废弃物处理中城市生活垃圾焚烧处理的甲烷和氧化亚氮排放、化石成因的二氧化碳排放报告在能源活动领域，生物成因的二氧化碳排放报告在信息项；非能源利用的排放均报告在工业生产过程。

回算后的 2005 年工业生产过程清单中，因与能源活动中转炉煤气的排放存在重复计算，金属制品生产中炼钢降碳产生的二氧化碳排放不再报告；化学工业生产新增己内酰胺生产过程的氧化亚氮排放，二氧化钛、甲醇和乙烯生产过程的二氧化碳排放；将润滑油和石蜡源于燃料和溶剂的非能源产品使用的排放由能源活动调整至工业生产过程；将原有的卤烃和六氟化硫生产调整至化学工业生产下的氟化工生产过程进行报告。

回算后的 2005 年农业清单中增加动物粪便管理和放牧动物的氧化亚氮间接排放，将农用地下的动物排泄物挥发氮沉降引起的氧化亚氮间接排放调整到动物粪便管理的氧化亚氮间接排放进行报告。

回算后的 2005 年土地利用、土地利用变化和林业清单采用《2006 年 IPCC 清单指南》《IPCC 林业优良作法指南》《2006 年 IPCC 温室气体清单指南 2013 年增补版：湿地》编制，相应地扩大了清单报告范围，增加了林地和草地因火烧导致的非二氧化碳排放的信息。

回算后的 2005 年废弃物处理清单中焚烧处理仅报告危险废物和医疗废物焚烧的二氧化碳、甲烷和氧化亚氮排放，以及污泥焚烧的甲烷和氧化亚氮排放。

二、回算后 2005 年温室气体排放信息

（一）概述

2005 年中国温室气体排放总量（包括 LULUCF）约为 72.11 亿吨二氧化碳当量（表 1-12），其中二氧化碳、甲烷、氧化亚氮和含氟气体所占比重分别为 76.9%、15.1%、6.3%和 1.7%；土地利用、土地利用变化和林业领域的温室气体吸收汇约为 7.70 亿吨二氧化碳当量，若不包括土地利用、土地利用变化和林业，2005 年中国温室气体排放总量约为 79.81 亿吨二氧化碳当量，其中二氧化碳、甲烷、氧化亚氮和含氟气体所占比重分别为 80.3%、12.5%、5.6%和 1.6%。

（二）二氧化碳排放

能源活动和工业生产过程是中国二氧化碳排放的主要来源。2005 年中国二氧化碳排放量（不包括 LULUCF）为 64.07 亿吨二氧化碳当量，其中能源活动排放 57.01 亿吨二氧化碳当量，占 89.0%，工业生产过程排放 7.06 亿吨二氧化碳当量，占 11.0%，废弃物处理排放 0.01 亿吨二氧化碳当量，份额微小。土地利用、土地利用变化和林业活动吸收二氧化碳 8.62 亿吨，2005 年中国二氧化碳排放量（包括 LULUCF）为 55.46 亿吨二氧化碳当量。

表 1-12 2005 年中国温室气体排放总量

单位：亿吨二氧化碳当量

	CO_2	CH_4	N_2O	HFCs	PFCs	SF_6	合计
能源活动	57.01	4.69	0.82				62.52
工业生产过程	7.06	NE	0.34	1.14	0.04	0.07	8.65
农业活动		4.50	3.04				7.55

	CO_2	CH_4	N_2O	HFCs	PFCs	SF_6	合计
土地利用、土地利用变化和林业	−8.62	0.88	0.04				−7.70
废弃物处理	0.01	0.81	0.29				1.10
总量（不包括 LULUCF）	64.07	10.00	4.49	1.14	0.04	0.07	79.81
总量（包括 LULUCF）	55.46	10.88	4.53	1.14	0.04	0.07	72.11

注：1．阴影部分不需填写；

2．NE（未计算）表示未计算该排放源或吸收汇；

3．此表中部分数据因四舍五入，可能存在总计与分项合计不等的情况；

4．本表展示的是回算后的清单数据信息。

（三）甲烷排放

中国甲烷排放主要来源于能源活动和农业活动。2005 年中国甲烷排放量为 5 182.3 万吨，相当于 10.88 亿吨二氧化碳当量（包括 LULUCF），其中能源活动排放占 43.1%，农业活动排放占 41.4%，废弃物处理排放占 7.4%，土地利用、土地利用变化和林业排放占 8.1%。

（四）氧化亚氮排放

中国氧化亚氮排放主要来源于农业活动和能源活动。2005 年中国氧化亚氮排放量为 146.0 万吨，相当于 4.53 亿吨二氧化碳当量（包括 LULUCF），其中农业活动排放占 67.2%，能源活动排放占 18.1%，工业生产过程排放占 7.4%，废弃物处理排放占 6.4%，土地利用、土地利用变化和林业排放占 0.8%。

（五）含氟气体排放

2005 年中国含氟气体排放全部来自工业生产过程，排放量约为 1.25 亿吨二氧化碳当量。

第五章　质量保证和质量控制

一、减少不确定性的努力

在 2018 年国家温室气体清单编制和 2005 年清单回算的过程中，为提高清单编制的质量和减少不确定性，编制机构特别注重加强质量保证和质量控制工作。

在清单编制方法方面，清单编制机构开展了关键类别分析，结果用于指导 2018 年清单编制方法的选择。关键类别在国家温室气体清单中尽量采用层级较高的计算方法及本国排放因子，从而提高了清单计算结果的准确性。

在活动水平数据方面，国家统计局建立了应对气候变化的相关统计报表制度，细化和增加了能源统计品种，逐步把温室气体清单编制所需的活动水平数据纳入政府统计体系。清单编制机构还引入全国碳市场企业设施级数据进行校核。

在排放因子方面，清单编制机构及其他有关单位专门进行了火电机组燃煤单位热值含碳量和碳氧化率的研究，开展了主要动物生产特性特征参数和动物粪便管理方式及其占比的典型调查研究，获得了本国排放因子及相关参数。在 2018 年中国温室气体清单编制的过程中，优先采用本国参数，其次采用 IPCC 相关指南的缺省值。

在数据管理方面，清单编制机构重视数据文档的管理，及时保存清单编制的支撑材料。同时，为提高清单相关数据的电子化管理水平，还建立了国家各领域温室气体清单数据库信息系统。

清单编制机构多次召开技术研讨会，与国内其他研究机构和专家进行学术交流和研讨，充分吸纳相关研究成果。主管部门还组织清单编制工作之外的专家对清单编制方法和结果进行独立的分析和评审，为保证清单结果的质量提供了有力的支持。

二、不确定性分析

能源活动，工业生产过程，农业活动，土地利用、土地利用变化和林业，废弃物处理领域分别根据活动水平和排放因子数据的来源确定其不确定性水平，并根据相应的方法计算得到该领域的不确定性，见表 1-13。根据《2006 年 IPCC 清单指南》的误差传递法分析，2018 年国家温室气体清单综合不确定性为 −4.9%～5.1%。

表 1-13　2018 年国家温室气体清单不确定性分析结果

	排放量/亿吨二氧化碳当量	不确定性
能源活动	101.55	−5.2%～5.5%
工业生产过程	18.87	−3.8%～3.8%
农业活动	7.93	−14.2%～14.2%
土地利用、土地利用变化和林业	−12.57	−13.6%～13.6%
废弃物处理	2.00	−23.0%～23.0%
综合不确定性	−4.9%～5.1%	

第六章　已提交清单信息

中国在第一次、第二次和第三次国家信息通报，第一次和第二次两年更新报告中已提交 1994 年、2005 年、2010 年、2012 年和 2014 年的国家温室气体清单。除 2005 年清单回算已在第四章报告外，以下为其他年份清单的信息概要。需要指出的是，清单编制机构尚未对 1994 年、2010 年、2012 年和 2014 年的清单进行重新计算，因此，这四年温室气体清单在计算方法和计算范围上与 2005 年和 2018 年的清单不完全一致。

一、1994 年国家温室气体清单

1994 年中国温室气体排放总量（包括土地利用变化和林业，LUCF）约为 36.50 亿吨二氧化碳当量（表 1-14），其中二氧化碳、甲烷和氧化亚氮所占比重分别为 73.1%、19.7%和 7.2%；土地利用变化和林业领域的温室气体吸收汇约为 4.07 亿吨二氧化碳当量。若不包括土地利用变化和林业，1994 年中国温室气体排放总量约为 40.57 亿吨二氧化碳当量，其中二氧化碳、甲烷和氧化亚氮所占比重分别为 75.8%、17.7%和 6.5%。

表 1-14　1994 年中国温室气体排放总量

单位：亿吨二氧化碳当量

	CO_2	CH_4	N_2O	HFCs	PFCs	SF_6	合计
能源活动	27.95	1.97	0.15				30.08
工业生产过程	2.78	NE	0.05	NE	NE	NE	2.83
农业活动		3.61	2.44				6.05
土地利用变化和林业	−4.07	NE	NE				−4.07
废弃物处理	NE	1.62	NE				1.62

	CO_2	CH_4	N_2O	HFCs	PFCs	SF_6	合计
总量（不包括 LUCF）	30.73	7.20	2.64	NE	NE	NE	40.57
总量（包括 LUCF）	26.66	7.20	2.64	NE	NE	NE	36.50

注：1. 阴影部分不需填写；

2. NE（未计算）表示未计算该排放源或吸收汇；

3. 此表中部分数据因四舍五入，可能存在总计与分项合计不等的情况。

二、2010 年国家温室气体清单

2010 年中国温室气体排放总量（包括 LULUCF）约为 95.51 亿吨二氧化碳当量（表 1-15），其中二氧化碳、甲烷、氧化亚氮和含氟气体所占比重分别为 80.4%、12.2%、5.7%和 1.7%；土地利用、土地利用变化和林业领域的温室气体吸收汇约为 9.93 亿吨二氧化碳当量。若不包括土地利用、土地利用变化和林业，2010 年中国温室气体排放总量约为 105.44 亿吨二氧化碳当量，其中二氧化碳、甲烷、氧化亚氮和含氟气体所占比重分别为 82.6%、10.7%、5.2%和 1.5%。

表 1-15　2010 年中国温室气体排放总量

单位：亿吨二氧化碳当量

	CO_2	CH_4	N_2O	HFCs	PFCs	SF_6	合计
能源活动	76.24	5.64	0.96				82.83
工业生产过程	10.75	0.00	0.62	1.32	0.10	0.21	13.01
农业活动		4.71	3.58				8.28
土地利用、土地利用变化和林业	−10.30	0.37	0.00				−9.93
废弃物处理	0.08	0.92	0.31				1.32
总量（不包括 LULUCF）	87.07	11.27	5.47	1.32	0.10	0.21	105.44
总量（包括 LULUCF）	76.78	11.63	5.47	1.32	0.10	0.21	95.51

注：1. 阴影部分不需填写；

2. 0.00 表示计算结果小于 0.005；

3. 此表中部分数据因四舍五入，可能存在总计与分项合计不等的情况。

三、2012年国家温室气体清单

2012年中国温室气体排放总量（包括LUCF）约为113.20亿吨二氧化碳当量（表1-16），其中二氧化碳、甲烷、氧化亚氮和含氟气体所占比重分别为82.3%、10.4%、5.6%和1.7%；土地利用变化和林业领域的温室气体吸收汇约为5.76亿吨二氧化碳当量。若不包括土地利用变化和林业，2012年中国温室气体排放总量约为118.96亿吨二氧化碳当量，其中二氧化碳、甲烷、氧化亚氮和含氟气体所占比重分别为83.1%、9.9%、5.4%和1.6%。

表1-16　2012年中国温室气体排放总量

单位：亿吨二氧化碳当量

	CO_2	CH_4	N_2O	HFCs	PFCs	SF_6	合计
能源活动	86.88	5.79	0.69				93.37
工业生产过程	11.93	0.00	0.79	1.54	0.12	0.24	14.63
农业活动		4.81	4.57				9.38
土地利用变化和林业	−5.76	0.00	0.00				−5.76
废弃物处理	0.12	1.14	0.33				1.58
总量（不包括LUCF）	98.93	11.74	6.38	1.54	0.12	0.24	118.96
总量（包括LUCF）	93.17	11.74	6.38	1.54	0.12	0.24	113.20

注：1. 阴影部分不需填写；
2. 0.00表示计算结果小于0.005；
3. 此表中部分数据因四舍五入，可能存在总计与分项合计不等的情况。

四、2014年国家温室气体清单

2014年中国温室气体排放总量（包括LULUCF）约为111.86亿吨二氧化碳当量（表1-17），其中二氧化碳、甲烷、氧化亚氮和含氟气体所占比重分别为81.6%、10.4%、5.4%和2.6%；土地利用、土地利用变化和林业领域的温室气体吸收汇约为11.15亿吨二氧化碳当量。若不包括土地利用、土地利用变化和林业，2014 年中国温室气体排放总量约为 123.01 亿吨二氧化碳当量，其中二氧化碳、甲烷、氧化亚氮和含氟气体所占比重分别为 83.5%、9.1%、5.0%和 2.4%。

表 1-17　2014 年中国温室气体排放总量

单位：亿吨二氧化碳当量

	CO_2	CH_4	N_2O	HFCs	PFCs	SF_6	合计
能源活动	89.25	5.20	1.14				95.59
工业生产过程	13.30	0.00	0.96	2.14	0.16	0.61	17.18
农业活动		4.67	3.63				8.30
土地利用、土地利用变化和林业	−11.51	0.36	0.00				−11.15
废弃物处理	0.20	1.38	0.37				1.95
总量（不包括 LULUCF）	102.75	11.25	6.10	2.14	0.16	0.61	123.01
总量（包括 LULUCF）	91.24	11.61	6.10	2.14	0.16	0.61	111.86

注：1．阴影部分不需填写；

2．0.00 表示计算结果小于 0.005；

3．此表中部分数据因四舍五入，可能存在总计与分项合计不等的情况。

第二部分 减缓行动及其效果

中国政府高度重视减缓气候变化的政策行动。2016 年以来，中国政府通过印发《"十三五"控制温室气体排放工作方案》[2]和相关规划，作出了一系列新部署、新安排，采取强有力的"一揽子"政策和措施，通过多种手段，推动温室气体减排。另外，作为应对气候变化的一项重要的基础性工作，中国测量（Monitoring）、报告（Reporting）和核查（Verification）（以下简称 MRV）工作也取得了积极成效。

[2] "十三五"指的是 2016—2020 年。

第一章 重点减缓行动政策效果分析

中国政府通过调整产业结构、优化能源结构、促进节能提效、提升生态系统碳汇能力、控制非二氧化碳温室气体排放、推动减污降碳协同增效等一系列措施，加强顶层设计，强化低碳发展战略目标指引，使二氧化碳排放强度大幅降低，非能源活动的温室气体和非二氧化碳温室气体排放得到有效控制，积极增加林业碳汇，超额完成了 2020 年的温室气体减排目标。经核算，2020 年单位国内生产总值二氧化碳排放比 2005 年下降 48.4%，超额完成了中国向国际社会承诺的到 2020 年下降 40%～45% 的目标。

一、调整产业结构

应对气候变化为中国产业绿色低碳发展赋予新使命，带来新机遇。“十三五”期间，中国大力促进科技创新，产业转型升级步伐加快。加强关键核心技术攻关，支持科技成果转化应用，促进大、中、小企业融通创新，推广全面创新改革试验相关举措。着力发展实体经济，推进产业基础高级化、产业链现代化，保持制造业比重基本稳定，改造提升传统产业，发展壮大战略性新兴产业，促进服务业繁荣发展。推动产业数字化、智能化改造，打造数字经济新优势，协同推进数字产业化和产业数字化转型，提高数字政府建设水平，营造良好数字生态，建设数字中国。2020 年中国第三产业增加值占 GDP 比重达到 54.5%，较 2015 年提高 3.7 个百分点，高于第二产业 16.7 个百分点。节能环保等战略性新兴产业快速壮大并逐步成为支柱产业，高技术制造业增加值占规模以上工业增加值的比重为 15.1%。“十三五”期间，中国高耗能项目产能扩张得到有效控制，石化、化工、钢铁等重点行业转型升级加速，提前两年完成“十三五”化解钢铁过剩产能 1.5 亿吨上限目标任务，全面取缔“地条钢”[3]产能 1 亿多吨。

据测算，截至 2020 年，中国单位工业增加值二氧化碳排放量较 2015 年下降约 22%。2020 年主要资源产出率较 2015 年提高约 26%，废钢、废纸累计利用量分别约为 2.6 亿吨、5 490 万吨，再生有色金属产量达到 1 450 万吨。

二、优化能源结构

能源活动是中国温室气体排放的主要领域。中国确立了能源安全新战略，推动能源消费革命、供给革命、技术革命、体制革命，全方位加强能源领域的国际合作。中国不断加快能源结构调整，构建清洁低碳、安全高效的能源体系。中国政府优先发展非化石能源，推进水电绿色发展，全面协调推进风电和太阳能发电，在确保安全的前提下有序发展核电，因地制宜发展生物质能、地热能和海洋能，全面提升可再生能源利用率。中国政府积极推动煤炭供给侧结构性改革，化解煤炭过剩产能，加强煤炭安全智能绿色开发和清洁高效开发利用，推动煤电行业清洁、高效、高质量发展，大力推动煤炭消费减量替代和散煤综合治理，推进终端用能领域以电代煤、以电代油。深化能源体制改革，促进能源资源高效配置。

截至 2020 年年底，中国可再生能源发电装机总规模达到 9.3 亿千瓦，其中水电 3.7 亿千瓦、风电 2.8 亿千瓦、光伏发电 2.5 亿千瓦、生物质发电 2 952 万千瓦，分别连续 16 年、11 年、6 年和 3 年稳居全球首位。中国发电装机 40%左右是可再生能源，发电量的 30%左右是可再生能源，全部可再生能源装机位居世界第一位。

2010 年以来，中国在新能源发电领域累计投资 8 180 亿美元，占全球同期新能源发电建设投资的 30%。

与此同时，中国建立了完整的风电、光伏发电设备产业链，积极为全球温室气体减排提供支持。2019 年中国多晶硅、光伏电池、光伏组件的产量分别占全球总产量的 67%、79%、71%，光伏产品出口到 200 多个国家和地区。

---

[3] “地条钢”指以废钢铁为原料、经过感应炉等熔化、不能有效地进行成分和质量控制生产的钢，以及以其为原料轧制的钢材。

2020年，中国非化石能源占能源消费总量的比重升至15.9%，天然气占能源消费总量的比重由2015年的5.9%上升到8.4%。经初步核算，分别实现减排4.2亿吨二氧化碳和0.75亿吨二氧化碳。

三、促进节能提效

中国实行能源消费总量和强度双控制度，按省、自治区、直辖市行政区域设定能源消费总量和强度控制目标，对各级地方政府进行监督考核。对重点用能单位分解能耗双控目标，开展目标责任评价考核，推动重点用能单位加强节能管理。中国政府完善节能激励政策，实行促进节能的企业所得税、增值税优惠政策。鼓励进口先进节能技术，大力发展高质量、高技术、高附加值的绿色低碳产品贸易，持续开展煤电超低排放和节能改造，截至2020年年底，达到超低排放限值的煤电机组约9.5亿千瓦，节能改造规模超过8亿千瓦，火电厂平均供电煤耗降至305.8克标准煤/千瓦时。健全绿色金融体系，利用能效信贷、绿色债券等支持节能项目。创新完善促进绿色发展的价格机制，实施差别电价、峰谷分时电价、阶梯电价、阶梯气价等，完善环保电价政策，调动市场主体和居民节能的积极性。在浙江等4省（市）开展用能权有偿使用和交易试点，在北京等7省（市）开展碳排放权交易试点。

中国加强工业领域节能，建立健全节能监察执法和节能诊断服务机制，开展能效对标达标。在钢铁、电解铝等12个重点行业遴选能效“领跑者”企业。中国积极开展工业领域电力需求侧管理，遴选了153家示范企业，通过培育能源服务集成商，促进现代能源服务业与工业制造企业的融合。中国健全节能标准体系，实施百项能效标准推进工程，发布实施340多项国家节能标准，其中包括近200项强制性标准，实现主要高耗能行业和终端用能产品全覆盖。

中国强化建筑领域节能，不断提升新建建筑节能标准，深化既有建筑节能改造，优化建筑用能结构。新建建筑全面执行建筑节能标准，开展超低能耗、近零能耗建筑示范，推动既有建筑节能改造，提升公共建筑能效水平，加强可再生能源建筑应用。截至2019年年底，累计建成节能建筑面积198亿平方米。

中国大力构建节能高效的综合交通运输体系，推进交通运输用能清洁化，提高交通运输工具能效水平，促进交通运输节能。中国政府积极完善公共交通服务体系，推广多式联运，提升铁路电气化水平，推广天然气车船，发展节能与新能源汽车，完善充换电和加氢基础设施，鼓励靠港船舶和民航飞机停靠期间使用岸电，建设天然气加气站、加注站。淘汰老旧高能耗车辆、船舶。新能源汽车快速发展，2019 年新增量和保有量分别达 120 万辆和 380 万辆，均占全球总量的一半以上；截至 2019 年年底，全国电动汽车充电基础设施达 120 万处，建成世界上规模最大的充电网络，有效促进了交通领域能效提高和能源消费结构优化。

中国大力推广城市共享单车，鼓励市民日常或短途绿色出行，逐步推广电动车或氢燃料车等新能源车辆，减少交通碳排放。

在中央和地方财政的支持下，中国的节能降耗行动取得积极成效，2020 年节能超过 7.5 亿吨标准煤，相当于减排约 16.1 亿吨二氧化碳。

四、提升生态系统碳汇能力

中国统筹推进山水林田湖草沙系统治理，深入开展大规模国土绿化行动，持续实施“三北”、长江等防护林和天然林保护，东北黑土地保护，高标准农田建设，湿地保护修复，退耕还林还草，草原生态修复，京津风沙源治理，荒漠化、石漠化和水土流失综合治理等重点工程。稳步推进城乡绿化，科学开展森林抚育经营，精准提升森林质量，积极发展生物质能源，加强林草资源保护，持续增加林草资源总量，巩固提升森林、草原、湿地、农田、海洋等生态系统碳汇能力。构建以国家公园为主体的自然保护地体系，正式设立第一批 5 个国家公园，开展自然保护地整合优化。结合“多规合一”国土空间规划体系建设，建立健全国土空间规划技术标准体系，指导地方统筹构建生态优先、绿色低碳、安全韧性的国土空间开发保护新格局；强化国土空间底线约束，组织开展全国生态保护红线划定（评估调整）工作，将生态功能极重要、生态极脆弱，以及具有潜在重要生态价值的区域划入生态保护红线，并纳入国土空间规划“一张图”，实现一条红线管控重要生态空间，巩固生态系统固碳作用。建立健全生态保护修复制度体系，统筹编制《全国重要生态系统保护和修复重大工程总体规划（2021—2035 年）》等生态保护修复规划，实施蓝色海湾整治行动、海岸带保护修复工程、渤海综合治理攻坚战行动、红树林保护修复专项行动。开展长江干流和主要支流两侧、京津冀周边和汾渭平原重点城市、黄河流域及青藏高原等重点区域历史遗留矿山生态修复，在青藏高原、黄河、长江等七大重点区域布局生态保护和修复重大工程，支持 25 个山水林田湖草生态保护修复工程试点。出台社会资本参与整治修复的系列文件，努力建立市场化、多元化生态修复投入机制。第九次全国森林资源清查期间（2014—2018 年），全国森林面积、森林蓄积量双增长，森林覆盖率提高到 22.96%，森林蓄积量达到 175.6 亿立方米。

五、控制非二氧化碳温室气体排放

中国历来重视非二氧化碳温室气体排放，在《国家应对气候变化规划（2014—2020 年）》及控制温室气体排放工作方案中明确了控制非二氧化碳温室气体排放的具体政策措施。“十三五”期间，安排中央预算内投资和财政补贴支持开展三氟甲烷的销毁处置工作，累计销毁处理三氟甲烷 70 727 吨，折合 8.28 亿吨二氧化碳当量，三氟甲烷的处理率从 2015 年的 55%提升到 2020 年的 95.5%。

目前，《〈关于消耗臭氧层物质的蒙特利尔议定书〉基加利修正案》（以下简称《基加利修正案》）已对中国正式生效（暂不适用于香港特别行政区）。为落实《基加利修正案》相关要求，中国政府相关主管部门分别发布了《中国受控消耗臭氧层物质清单》和《中国进出口受控消耗臭氧层物质名录》（以下简称《名录》），将氢氟碳化物纳入管控范围，并针对《名录》所列氢氟碳化物实施进出口许可证管理制度；近期还陆续发布了《关于控制副产三氟甲烷排放的通知》《关于严格控制第一批氢氟碳化物化工生产建设项目的通知》等政策，加强对包括三氟甲烷在内的氢氟碳化物的排放管控，对部分氢氟碳化物化工生产建设项目严格控制并加强相关建设项目环境管理。中国政府推动煤层气和煤矿瓦斯的回收利用。主要油气企业成立“中国油气企业甲烷控排联盟”，推进油气行业甲烷控排。积极推进城市废弃物的焚烧处理，减少废弃物领域的甲烷排放。国务院办公厅印发《关于加快推进畜禽养殖废弃物资源化利用的意见》，在全国500多个养殖大县开展畜禽粪污资源化利用整县推进行动等，提高畜禽粪污资源化利用的同时，控制甲烷和氧化亚氮排放。

六、推动减污降碳协同增效

二氧化碳等温室气体和常规污染物的排放具有同源性。控制二氧化碳等温室气体的排放既有利于倒逼和推动经济结构绿色转型，又有利于减缓气候变化的影响，还有利于减少污染物排放、改善生态环境质量。中国把握污染防治和气候治理的整体性，推动减污降碳协同增效一体谋划、一体部署、一体推进、一体考核，协同推进环境效益、气候效益、经济效益多赢，走出一条符合国情的温室气体减排道路。中国2015年修订的《中华人民共和国大气污染防治法》专门增加条款，为实施大气污染物和温室气体协同控制和开展减污降碳协同增效工作提供法治基础。2018年，中国调整相关部门职能，由新组建的生态环境部负责应对气候变化工作，强化了应对气候变化与生态环境保护的协同。中国先后制定了《关于统筹和加强应对气候变化与生态环境保护相关工作的指导意见》《减污降碳协同增效实施方案》，锚定美丽中国建设和碳达峰、碳中和目标，对推动减污降碳协同增效作出系统部署。

中国以打好污染防治攻坚战中蓝天保卫战等关键战役为突破口，以重点突破带动整体推进，同时推动温室气体减排和生态环境质量明显改善。京津冀及周边地区、长三角地区、汾渭平原等大气污染防治重点区域内新建、改建、扩建用煤项目，实行煤炭减量替代，以京津冀及周边地区、汾渭平原为重点，推动散煤治理，推行天然气、电力和可再生能源等替代煤炭。截至 2020 年年底，中国北方地区冬季清洁取暖率已提升到60%以上，京津冀及周边地区、汾渭平原累计完成散煤替代2 500万户左右，削减散煤约5 000万吨，据测算，这相当于少排放二氧化碳约9 200万吨。

此外，据有关专家计算，1991—2020年，中国积极履行《关于消耗臭氧层物质的蒙特利尔议定书》，已累计淘汰全氯氟烃、哈龙、四氯化碳、甲基氯仿、甲基溴、含氢氯氟烃等6类消耗臭氧层物质生产量和消费量约50.4万吨，在完成各阶段履约目标的同时，协同避免了约 260 亿吨二氧化碳当量的温室气体排放[4]。

七、国际市场机制

“十三五”期间，中国继续履行《京都议定书》相关义务，支持国内企业参与联合国清洁发展机制（CDM），促进国内节约能源和提高能源效率工作，鼓励新能源和可再生能源的发展。但 2012 年以来，由于欧盟碳市场对中国的 CDM 项目需求大幅减少，中国 CDM 项目申请数量骤减，“十三五”期间仅有 1 个 CDM 项目在 CDM 执行理事会注册。截至 2020 年年底，共有 3 764 个项目和 43 个规划类项目在 CDM 项目执行理事会注册，覆盖可再生能源、节能和提供能效、甲烷减排、氧化亚氮减排、氢氟碳化物销毁等类型，签发的减排量约为 11.1 亿吨二氧化碳当量。

各项详细的减缓行动及其效果分析见表 2-1。

[4] 信息来源为吴婧等在 *Science of the Total Environment* 上发表的“Banks，emissions and environmental impacts of China’s ozone depletion substances and hydrofluorocarbon substitutes during 1980－2020”（1980—2020 年中国臭氧层消耗物质和替代品氢氟碳化物的库存、排放和环境影响）。

表 2-1　减缓行动及其效果汇总

序号	行动名称	行动目标或主要内容	覆盖领域/温室气体	时间尺度	行动性质	监管部门	状态	进展信息	方法学和假设	预估减排效果	获得支持
1	中国全社会减缓行动	2020 年单位国内生产总值二氧化碳排放比 2005 年下降 40%~45%	能源活动/二氧化碳	2006—2020 年	强制/政府	国家发展和改革委员会	已执行完	2020 年单位国内生产总值二氧化碳排放比 2005 年下降 48.4%，完成国家适当减缓行动	按分行业分品种煤炭、石油、天然气消费量乘相应平均排放因子计算 CO_2 排放量	—	中央财政、地方财政支持等
优化能源结构											
2	发展非化石能源	到 2020 年，非化石能源占能源消费总量比重达 15%左右	二氧化碳等	2016—2020 年	强制/政府	国家能源局、国家发展和改革委员会及其他相关部门	已执行完	2020 年能源消费总量为 49.8 亿吨标准煤，其中非化石能源占能源消费总量比重约为 15.9%，较 2015 年提高约 3.9 个百分点	减排量=（当年非化石能源消费量[5] – 2015 年非化石能源消费量）× 2014 年化石能源消费综合排放因子 2.41 吨 CO_2/吨标准煤	相较于 2015 年，2020 年完成减排 6.5 亿吨 CO_2	中央财政、地方财政支持等
3	发展天然气	到 2020 年，天然气占能源消费总量比重达 10%以上	二氧化碳等	2016—2020 年	政府	国家能源局、国家发展和改革委员会及其他相关部门	已执行完	2020 年能源消费总量为 49.8 亿吨标准煤，其中天然气占能源消费总量的比重从 2015 年的 5.8%上升到 8.4%	减排量=（当年天然气消费量 – 2015 年天然气消费量）×（2014 年化石能源消费综合排放因子 2.41 吨 CO_2/吨标准煤 – 2014 年天然气排放因子 1.56 吨 CO_2/吨标准煤）	相较于 2015 年，2020 年完成减排 1.43 亿吨 CO_2	—

[5] 非化石能源消费量中未包含生物质能。

序号	行动名称	行动目标或主要内容	覆盖领域/温室气体	时间尺度	行动性质	监管部门	状态	进展信息	方法学和假设	预估减排效果	获得支持
4	控制煤炭消费	到2020年，煤炭占能源消费总量比重为58%以下	二氧化碳等	2016—2020年	政府	国家能源局、国家发展和改革委员会及其他相关部门	已执行完	2020年能源消费总量为49.8亿吨标准煤，煤炭占能源消费总量比重从2015年的63.8%降到56.9%	减排效果通过非化石能源、天然气等替代煤炭计算	实际减排效果来自非化石能源、天然气等低碳能源的替代（不再重复计算）	中央财政、地方财政支持等
5	开发水电	2020年水电总装机容量达到3.8亿千瓦，年发电量1.25万亿千瓦时	二氧化碳等	2016—2020年	政府	国家能源局、国家发展和改革委员会及其他相关部门	已执行完	2020年总发电量为77 791亿千瓦时，水电发电量为13 552亿千瓦时，水电发电占比为17.4%	减排量=(当年水电发电量－2015年水电发电量）× 2015年火电排放因子0.808吨CO_2/兆瓦时	相较于2015年，2020年完成减排1.8亿吨CO_2	中央财政、地方财政支持等
6	发展风电	到2020年，风电累计并网装机容量达2.1亿千瓦以上	二氧化碳等	2016—2020年	政府	国家能源局、国家发展和改革委员会及其他相关部门	已执行完	2020年总发电量为77 791亿千瓦时，风电装机容量为28 153万千瓦，发电4 665亿千瓦时，占总发电量比重从2015年的3.2%上升到6.0%	减排量=(当年风电发电量－2015年风电发电量）× 2015年火电排放因子0.808吨CO_2/兆瓦时	相较于2015年，2020年完成减排2.3亿吨CO_2	中丹项目支持成立国家可再生能源中心

序号	行动名称	行动目标或主要内容	覆盖领域/温室气体	时间尺度	行动性质	监管部门	状态	进展信息	方法学和假设	预估减排效果	获得支持
7	发展太阳能发电	到2020年，太阳能发电装机达1.1亿千瓦以上，其中光伏发电装机达1.05亿千瓦以上	二氧化碳等	2016—2020年	政府	国家能源局、国家发展和改革委员会及其他相关部门	已执行完	2020年总发电量为77 791亿千瓦时，太阳能发电装机容量为25 356万千瓦，发电2 609亿千瓦时，占总发电量比重从2015年的0.7%上升到3.4%	减排量=（当年太阳能发电量－2015年太阳能发电量）× 2015年火电排放因子0.808吨CO_2/兆瓦时	相较于2015年，2020年完成减排1.8亿吨CO_2	中央财政、地方财政支持等
8	发展核电	到2020年，核电运行和在建装机将达到8 800万千瓦	二氧化碳等	2016—2020年	政府	国家能源局、国家发展和改革委员会及其他相关部门	已执行完	2020年总发电量为77 791亿千瓦时，核电装机容量为4 988万千瓦，发电3 662亿千瓦时；在建装机容量2 087万千瓦，占总发电量比重从2015年的2.9%上升到4.7%	减排量=（当年核电发电量－2015年核电发电量）× 2015年火电排放因子0.808吨CO_2/兆瓦时	相较于2015年，2020年完成减排1.6亿吨CO_2	中央财政、地方财政支持等
节能与能效提高											
9	中国全社会节能行动	2020年单位国内生产总值能耗比2015年下降15%	所有领域/二氧化碳	2016—2020年	强制/政府	国家发展和改革委员会及其他相关部门	已执行完	相较于2015年，2020年节能超过7.5亿吨标准煤	碳排放量=节能量× 2014年能源消费综合排放因子2.14吨CO_2/吨标准煤	相较于2015年，2020年减排约16.1亿吨CO_2	中央财政、地方财政支持等

序号	行动名称	行动目标或主要内容	覆盖领域/温室气体	时间尺度	行动性质	监管部门	状态	进展信息	方法学和假设	预估减排效果	获得支持
10	工业部门节能行动	到2020年，单位工业增加值（规模以上）能耗比2015年下降18%	工业[6]/二氧化碳等	2016—2020年	政府	国家发展和改革委员会、工业和信息化部及其他相关部门	已执行完	相较于2015年，2020年节能约3.8亿吨标准煤	碳排放量=节能量×2014年能源消费综合排放因子2.14吨CO_2/吨标准煤	相较于2015年，2020年完成减排8.1亿吨CO_2	中央财政、地方财政支持等

[6] 此处的工业具体包括三大类行业，即采矿业，制造业，电力、热力、燃气及水生产和供应业。

第二章　国内 MRV 相关信息

国内 MRV 是应对气候变化的一项重要的基础性工作。为满足应对气候变化国际履约要求，支撑实现中国提出的控制温室气体排放目标，自“十二五”时期起，中国在国家、地区、企业、项目等层面开展了大量的工作，也取得了积极成效。“双碳”目标和《巴黎协定》下强化的透明度框架对国内 MRV 提出更高要求，中国出台了《关于加快建立统一规范的碳排放统计核算体系实施方案》，对下一阶段国内 MRV 重点工作进行了系统部署。

一、国家和省级层面

持续完善应对气候变化统计制度。“十二五”时期，中国逐步建立了应对气候变化统计指标体系和温室气体排放基础统计制度。“十三五”期间，国家统计局会同生态环境部进一步修订了《应对气候变化部门统计报表制度》和《政府综合统计系统应对气候变化统计数据需求表》，依据报表制度开展年度数据收集和分析。林业、建筑、交通等部门也加快推进相关基础参数调查和统计。国家对省（自治区、直辖市）应对气候变化统计业务开展培训指导，并以省级年度控制温室气体排放目标责任考核为抓手推动地方工作。部分省（市）已建立应对气候变化统计制度和工作体系。截至 2017 年，已有 27 个省（区、市）的统计部门配备了专职人员负责应对气候变化相关统计工作。

定期编制更新温室气体清单。中国分别于 2004 年、2012 年、2017 年和 2019 年，以中国政府名义向《公约》秘书处提交了 5 份国家履约报告，包括 1994 年、2005 年、2010 年、2012 年和 2014 年国家温室气体清单。在历次国家清单编制过程中，中国形成了国家温室气体清单编制的工作体系，建立了由应对气候变化主管部门和有关研究机构人员构成的国家清单编制工作团队，还实现了用信息化手段支撑国家清单编制的数据库系统。“十二五”期间，应对气候变化主管部门印发了省级温室气体清单编制指南，对地方开展清单编制培训，先后组织开展了 4 个年度省级清单编制和质量联审工作。“十三五”期间，生态环境部统一部署了 2016 年和 2018 年省级温室气体清单编制工作，部分地区已形成常态化清单编制工作机制。

形成碳排放强度指标核算和发布机制。自“十二五”时期起，应对气候变化主管部门根据全国及各省（自治区、直辖市）分品种能源消费量及其相应排放因子开展碳排放强度核算工作，核算结果为国家和地方碳排放强度控制目标进展评估、考核、形势分析等工作提供了数据保障。“十三五”时期，碳排放强度核算及形势分析工作频率逐步提高，有助于应对气候变化主管部门更加及时地把握碳排放状况。自 2016 年起，碳排放强度下降率被纳入《绿色发展指标体系》，用于年度综合评价各地区绿色发展总体情况。自 2017 年起，国家统计局将全国碳排放强度下降率纳入国民经济和社会发展统计公报予以发布。

开展年度省级控温考核。为确保完成《中华人民共和国国民经济和社会发展第十三个五年规划纲要》确定的单位国内生产总值二氧化碳排放下降 18%的约束性目标，中国将碳排放强度控制目标分解落实到省级地区。为了有效传导压力，倒逼各地区实现绿色低碳发展，2017 年，应对气候变化主管部门出台“十三五”期间省级控温考核办法，围绕目标完成情况、任务与措施落实情况、基础工作与能力建设落实情况及体制机制开创性探索等 4 个方面，对各地区控制温室气体排放工作进行年度评价考核。建立了与省级应对气候变化主管部门的对口联络、数据反馈工作机制，共同督促解决问题。对未能完成目标任务的省级地区进行调度座谈，省级控温考核“以评促改、以改提效”，对“十三五”时期各地区控制温室气体排放工作起到了很好的指导和监督作用。

二、企业和设施层面

发布和完善核算标准技术规范。2012—2015 年，应对气候变化主管部门发布了电力、钢铁、化工、水泥、煤炭和油气开采等 24 个行业企业温室气体排放核算方法和报告指南，随后 11 个方法指南转化成了推荐性国家标准。2011 年以来，北京、上海等 7 个碳交易试点地区根据碳市场建设需求，均发布了本地区企业层面温室气体排放核算方法指南。随着全国碳市场工作的深入推进，中国逐渐明确了按设施（如火力发电企业的发电机组、水泥企业的水泥生产线等）进行管控的思路。为了规范设施层面的碳排放核算，应对气候变化主管部门印发和修订了发电设施核算指南《企业温室气体排放核算与报告指南　发电设施》和《企业温室气体排放核查技术指南　发电设施》。2018 年，中国民用航空局印发《民用航空飞行活动二氧化碳排放监测、报告和核查管理暂行办法》，鼓励和规范所涉及行业企业报告温室气体排放，为相关企业参与国内外基于市场的减排机制奠定了重要基础。

组织开展碳排放数据报告。“十三五”时期，对于达到报送门槛的电力、钢铁、水泥等重点排放行业企业，应对气候变化主管部门每年组织上述企业开展年度温室气体排放数据报送工作，填报方式逐步由线下转为线上信息平台，企业排放报告为全国碳排放配额分配方法制定及企业履约提供重要的数据基础。对于碳市场覆盖范围以外的行业企业，中国也在积极鼓励其报告温室气体排放情况，航空公司已完成 2019 年度和 2020 年度飞行活动二氧化碳排放报告工作。国务院国有资产监督管理委员会积极引导中央企业开展温室气体统计核算，部分中央企业建立了碳资产管理信息系统，逐步完善碳资产管理制度、统计核算体系和温室气体排放信息披露制度。

加强排放数据质量管理。自 2016 年起，通过企业制订数据质量控制计划、核查技术服务机构进行独立核查、应对气候变化主管部门开展监管的方式，不断提高发电、钢铁、水泥等重点行业企业温室气体排放数据质量。生态环境部发布了《企业温室气体排放报告核查指南（试行）》，并要求省级主管部门对核查技术服务机构内部管理情况、公正性管理措施、工作及时性和工作质量等进行评估。借助生态环境系统执法机构力量，并组织相关行业专家，生态环境部组织开展碳排放报告质量专项监督帮扶，严管、严查碳排放数据管理违规现象。中国民用航空局组织完成了 2019 年度和 2020 年度飞行活动二氧化碳排放报告的核查和审核工作。

三、项目和产品层面

支持自愿减排机制下的减排项目核算。在中国温室气体自愿减排（CCER）机制下，中国自 2013 年起共备案 200 个减排项目核算方法学，其中较常用的是可再生能源、燃料/原料转换、温室气体销毁、能源效率、避免温室气体排放、碳汇等类型，支持了 1 315 个温室气体自愿减排项目注册。为提高数据质量，温室气体自愿减排项目的减排量还经过了第三方机构核查。国家应对气候变化主管部门发布了《温室气体自愿减排项目审定与核证指南》，明确了温室气体自愿减排项目审定与核证机构的备案要求、工作程序和报告格式。通过实施温室气体自愿减排交易机制，中国培育了一批专业的减排项目碳核算咨询机构。

探索开展产品碳足迹核算。部分行业协会和地方发布了产品碳足迹评价团体标准和地方标准。例如，中国电子节能技术协会发布了《电器电子产品碳足迹评价通则》《电器电子产品碳足迹评价　第 1 部分　LED 道路照明产品》，北京市市场监督管理局发布了《电子信息产品碳足迹核算指南》。同时，部分企业参考、采用国际标准或国内相关的地方、行业协会标准，自发尝试开展了产品碳核算。

第三部分

其他需要报告的信息

作为《公约》非附件一缔约方和负责任的发展中大国，中国高度重视应对气候变化工作，坚定走绿色发展之路，推动共同构建人与自然生命共同体。根据 2011 年《公约》第十七次缔约方大会通过的第 2/CP.17 号决定，非附件一缔约方在两年更新报告中，除报告国家温室气体清单、减缓行动及其效果等信息之外，还需报告国情及机构安排，需要获得的资金、技术和能力建设等内容。由于本报告与《中华人民共和国气候变化第四次国家信息通报》同步提交，国情及机构安排，需要获得的资金、技术和能力建设等部分内容在《中华人民共和国气候变化第四次国家信息通报》中已有介绍，因此，本报告不再重复，相关内容请参见《中华人民共和国气候变化第四次国家信息通报》。

第四部分

香港特别行政区应对气候变化基本信息

香港是中国设立的特别行政区，是一个气候温和、土地和天然资源短缺、人口密度较高、服务业高度发展和充满活力的城市，也是世界知名的国际金融、贸易和航运中心[7]。

[7] 特区区情及机构安排等部分内容在《中华人民共和国气候变化第四次国家信息通报》中已有介绍，因此，本报告不再重复，相关内容请参见《中华人民共和国气候变化第四次国家信息通报》。

第一章 香港特区温室气体清单

香港特别行政区（以下简称香港特区）温室气体清单的编制参考了《IPCC 优良作法指南》和《2006 年 IPCC 清单指南》。报告的年份为 2018 年，报告范围包括能源活动、工业生产过程、农业活动、土地利用变化和林业及废弃物处理等领域。计算的温室气体种类包括二氧化碳、甲烷、氧化亚氮、氢氟碳化物、全氟化碳及六氟化硫等。

一、2018 年温室气体清单综述

2018 年香港特区温室气体净排放总量约为 3 995.15 万吨二氧化碳当量（包括 LUCF），其中土地利用变化和林业碳吸收汇约为 46.32 万吨二氧化碳当量。在不包括土地利用变化和林业的情况下，香港特区温室气体的排放总量约为 4 041.46 万吨二氧化碳当量，其中二氧化碳约为 3 588.26 万吨，甲烷约为 285.72 万吨二氧化碳当量，氧化亚氮约为 55.98 万吨二氧化碳当量，含氟气体[8]约为 111.49 万吨二氧化碳当量（表 4-1）。表 4-2 列出了 2018 年分排放领域的二氧化碳、甲烷和氧化亚氮清单。表 4-3 列出了 2018 年含氟气体的清单。

表 4-1 2018 年香港特区温室气体排放总量

单位：万吨二氧化碳当量

	CO_2	CH_4	N_2O	HFCs	PFCs	SF_6	合计
能源活动	3 529.69	8.15	35.51				3 573.35
工业生产过程	55.78	NO	NO	104.81	NO	6.68	167.28
农业活动		1.15	1.65				2.80

[8] 含氟气体包括氢氟碳化物、全氟化碳和六氟化硫。

	CO_2	CH_4	N_2O	HFCs	PFCs	SF_6	合计
土地利用变化和林业	–46.32	NE	NE				–46.32
废弃物处理	2.78	276.43	18.82				298.04
总量（不包括 LUCF）	3 588.26	285.72	55.98	104.81	NO	6.68	4 041.46
总量（包括 LUCF）	3 541.94	285.72	55.98	104.81	NO	6.68	3 995.15

注：1．阴影部分不需填写；此表中部分数据因四舍五入，可能存在总计与分项合计不等的情况；
2．NO（未发生）表示不存在此排放源或吸收汇；
3．NE（未计算）表示未计算该排放源或吸收汇。

表 4-2　2018 年香港特区二氧化碳、甲烷和氧化亚氮排放量

单位：万吨

温室气体排放源与吸收汇类别	CO_2	CH_4	N_2O
总量（不包括 LUCF）	3 588.26	13.61	0.18
总量（包括 LUCF）	3 541.94	13.61	0.18
1. 能源活动	3 529.69	0.39	0.11
– 燃料燃烧	3 529.69	0.26	0.11
♦能源工业	2 652.31	0.07	0.06
♦制造业和建筑业	71.09	0.01	0.00
♦交通运输	679.73	0.18	0.05
♦其他部门	126.57	0.00	0.00
– 逸散排放		0.13	
♦固体燃料		NO	
♦油气系统		0.13	
2. 工业生产过程	55.78	NO	NO
– 水泥生产	55.78		
– 卤烃和六氟化硫生产			
– 卤烃和六氟化硫消费			
3. 农业活动		0.05	0.01
– 动物肠道发酵		0.02	
– 动物粪便管理		0.04	0.00
– 水稻种植		NO	
– 农用地		NO	NO
– 农业土壤		0.00	0.00
– 限定性热带草原烧荒		0.00	0.00

温室气体排放源与吸收汇类别	CO_2	CH_4	N_2O
4. 土地利用变化和林业	–46.32	NE	NE
– 森林和其他木质生物质储量变化	–46.32		
– 森林转化	0.00	NE	NE
5. 废弃物处理	2.78	13.16	0.06
– 固体废弃物处理	2.78	12.48	0.00
– 废水处理		0.69	0.06
6. 信息项			
– 特殊地区航空	172.60	0.01	0.01
– 特殊地区航海	1 419.21	0.13	0.04
– 国际航空	1 510.19	0.01	0.05
– 国际航海	2 047.01	0.19	0.05

注：1. 阴影部分不需填写；此表中部分数据因四舍五入，可能存在总计与分项合计不等的情况；0.00 表示有计算结果，但因数字太小显示为 0.00；

2. NO（未发生）表示不存在此排放源或吸收汇；

3. NE（未计算）表示未计算该排放源或吸收汇；

4. 信息项不计入排放总量；

5.“特殊地区航空”及“特殊地区航海”指香港特区往返内地、澳门特区和台湾地区的航空及航海。

表 4-3　2018 年香港特区含氟气体排放量

单位：百吨

温室气体排放源类型	HFCs					PFCs	SF_6
	HFC-32	HFC-125	HFC-134a	HFC-143a	HFC-227ea		
总量	0.04	0.06	7.40	0.03	0.19	NO	0.03
1. 能源活动							
2. 工业生产过程	0.04	0.06	7.40	0.03	0.19	NO	0.03
– 非金属矿物制品							
– 化学工业							
– 金属冶炼						NO	
– 卤烃和六氟化硫生产	NO	NO	NO	NO	NO	NO	NO
– 卤烃和六氟化硫消费	0.04	0.06	7.40	0.03	0.19	NO	0.03
3. 农业活动							
4. 土地利用变化和林业							
5. 废弃物处理							

注：1. 阴影部分不需填写；此表中部分数据因四舍五入，可能存在总计与分项合计不等的情况；

2. NO（未发生）表示不存在此排放源或吸收汇。

能源活动是香港特区温室气体的主要排放源。2018 年能源活动温室气体排放量占总排放量的 88.42%，其他依次为废弃物处理、工业生产过程和农业活动排放，所占比重分别为 7.37%、4.14%和 0.07%。图 4-1 列出了香港特区温室气体分排放领域构成。

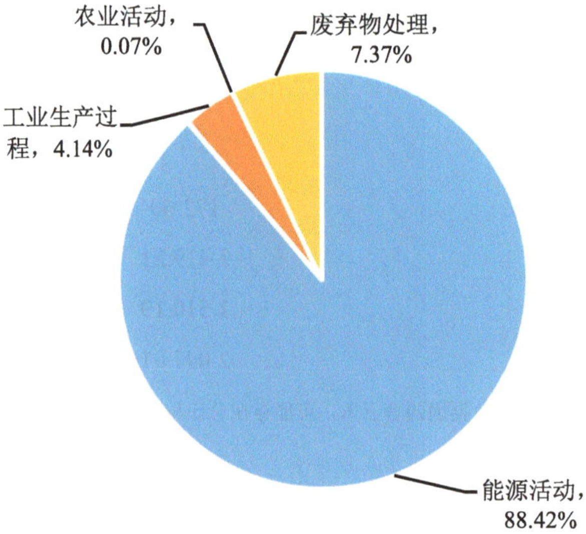

图 4-1　2018 年香港特区温室气体分排放领域构成

香港特区排放的温室气体主要是二氧化碳。以二氧化碳当量计算，2018 年二氧化碳排放量占总排放量的 89.79%，其他依次为甲烷、含氟气体和氧化亚氮，所占比重分别为 7.07%、2.76%和 1.39%（图 4-2）。

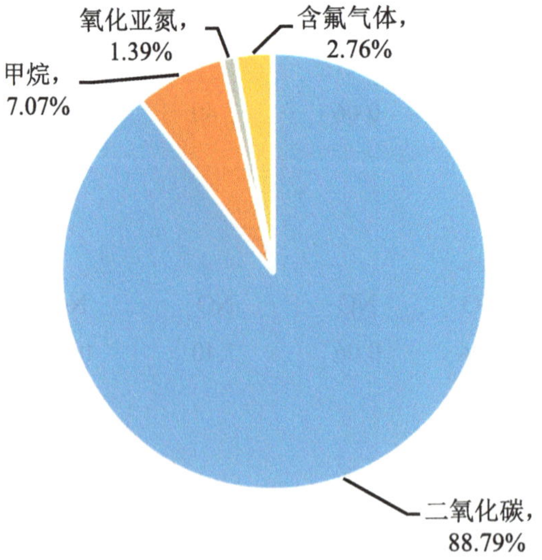

图 4-2　2018 年香港特区温室气体排放种类构成

2018 年特殊地区和国际燃料舱（航空及航海）温室气体排放量约为 5 201.10 万吨二氧化碳当量，其中特殊地区航海和航空运输排放量 1 608.01 万吨二氧化碳当量，国际航海和航空运输排放量为 3 593.09 万吨二氧化碳当量，上述排放均作为信息项单列，不计入香港温室气体排放总量。

（一）能源活动

能源活动的报告范围主要包括燃料燃烧和逸散排放，燃料燃烧为能源工业、制造业和建筑业、交通运输和其他部门化石燃料燃烧的二氧化碳、甲烷和氧化亚氮排放，逸散排放为油气系统的甲烷逸散排放。

能源活动排放计算主要依据《2006 年 IPCC 清单指南》，火力发电的二氧化碳、甲烷和氧化亚氮排放采用层级 3 方法计算。煤气生产的二氧化碳排放采用层级 2 方法计算，甲烷和氧化亚氮排放采用层级 1 方法计算。填埋气体作为能源用途的二氧化碳排放采用层级 2 方法计算，甲烷和氧化亚氮排放采用层级 1 方法计算。制造和建筑业及其他部门的二氧化碳排放采用层级 2 方法计算，甲烷和氧化亚氮排放采用层级 1 方法计算。

对于本地航空、本地水运、铁路、非道路和道路运输等移动源的二氧化碳、甲烷和氧化亚氮排放，采用层级 1 方法和层级 2 方法计算。

特殊地区运输是指出发地为香港特区，目的地为中国其他地区（包括澳门特别行政区及台湾地区）的航空及海上运输活动；国际运输是指出发地为香港特区，目的地为中国（包括澳门特别行政区及台湾地区）以外地区的航空及海上运输活动。特殊地区及国际航空的二氧化碳、甲烷和氧化亚氮排放采用层级 3 方法（a）计算，特殊地区及国际海运的二氧化碳、甲烷和氧化亚氮排放采用层级 1 方法计算。

除燃气管道输送的甲烷逸散排放采用层级 1 方法计算外，其他甲烷逸散排放均采用层级 3 方法计算。

2018 年能源活动温室气体排放量约为 3 573.35 万吨二氧化碳当量，占香港特区排放总量的 88.42%，其中二氧化碳排放量为 3 529.69 万吨，甲烷和氧化亚氮排放量分别为 8.15 万吨二氧化碳当量和 35.51 万吨二氧化碳当量。能源活动排放的二氧化碳量占二氧化碳排放总量的 98.37%。

2018 年能源活动排放中，能源工业（发电及煤气生产）排放量为 2 673.84 万吨二氧化碳当量，占 73.83%；交通运输排放量为 698.61 万吨二氧化碳当量，占 19.55%；其他部门（包括商业和住宅）排放量为 126.77 万吨二氧化碳当量，占 3.55%；制造业和建筑业排放量为 71.44 万吨二氧化碳当量，占 2.00%；甲烷逸散排放量约为 2.68 万吨二氧化碳当量，约占 0.08%。

（二）工业生产过程

工业生产过程的报告范围主要包括水泥生产过程中的二氧化碳排放，制冷、空调和灭火设备中的氢氟碳化物和全氟化碳排放，以及电气设备中的六氟化硫排放。

基于香港特区水泥熟料产量和相关资料，采用《2006 年 IPCC 清单指南》层级 2 方法计算水泥生产过程的二氧化碳排放；制冷和空调子领域氢氟碳化物使用的排放采用《2006 年 IPCC 清单指南》的层级 2 方法计算；溶剂的全氟化碳排放采用《2006 年 IPCC 清单指南》层级 1 方法计算；灭火设备的氢氟碳化物和全氟化碳排放采用《2006 年 IPCC 清单指南》层级 1 方法计算；电气设备应用的六氟化硫排放采用《2006 年 IPCC 清单指南》层级 3 方法计算。

2018 年工业生产过程温室气体排放量约为 167.28 万吨二氧化碳当量，占香港特区排放总量的 4.14%，其中水泥生产过程的二氧化碳排放量为 55.78 万吨，制冷、空调、灭火及电气设备使用的氢氟碳化物和六氟化硫排放量分别为 104.81 万吨二氧化碳当量和 6.68 万吨二氧化碳当量。

（三）农业活动

农业活动的报告范围主要包括动物肠道发酵、粪便管理的甲烷和氧化亚氮排放，农业土壤的氧化亚氮排放和草原烧荒的二氧化碳、甲烷和氧化亚氮排放。

肠道内发酵的甲烷排放采用《2006 年 IPCC 清单指南》层级 1 方法计算；农业土壤直接和间接氧化亚氮排放采用《2006 年 IPCC 清单指南》层级 1 方法计算；限定性热带草原烧荒的甲烷和氧化亚氮排放采用《2006 年 IPCC 清单指南》层级 1 方法计算。

2018 年农业活动排放量约为 2.80 万吨二氧化碳当量，占香港特区排放总量的 0.07%。动物的肠道发酵及粪便管理的甲烷和氧化亚氮排放量为 1.57 万吨二氧化碳当量，农业用地氧化亚氮排放量约为 1.22 万吨二氧化碳当量。

（四）土地利用变化和林业

土地利用变化和林业活动的报告范围主要包括林地、农田和草地转化所引起的生物量碳储量的变化。

林地、农田和草地转化所引起的二氧化碳排放采用《2006 年 IPCC 清单指南》层级 1 方法计算，并参考相关的排放因子；森林和其他木质生物量储量变化的二氧化碳排放和吸收也采用层级 1 方法计算。

2018 年土地利用变化和林业活动为碳汇，净吸收二氧化碳约为 46.32 万吨，全部来自林地及草地转化所引起的森林和其他木质生物量储量变化的碳吸收。

（五）废弃物处理

废弃物处理的报告范围主要包括固体废弃物填埋处理的甲烷排放、生活污水和工业废水处理的甲烷和氧化亚氮排放，以及废弃物焚烧的二氧化碳排放。

废弃物处理排放计算主要是基于《2006 年 IPCC 清单指南》，其中固体废弃物填埋处理的甲烷排放采用层级 2 方法计算，废水处理的甲烷和氧化亚氮排放采用层级 1 方法计算，废弃物焚烧处理的二氧化碳排放也采用层级 1 方法计算。

2018 年废弃物处理排放量为 298.04 万吨二氧化碳当量，占香港特区排放总量的 7.37%，其中大部分为甲烷，排放量为 276.43 万吨二氧化碳当量，占香港特区甲烷排放总量的 96.75%。

二、2005 年温室气体清单的回算

随着计算方法的不断改进、计算范围的适时拓展和基础数据的必要更新，温室气体的清单会适时更新。2005 年的温室气体清单已经采用与 2018 年相同的编制方法。

回算后的 2005 年清单中，排放总量有 −0.66%的微调，主要原因是对交通运输的基础数据进行了修订。

（一）概述

回算后的 2005 年香港特区温室气体净排放总量（包括 LUCF）约为 4 088.21 万吨二氧化碳当量，其中二氧化碳、甲烷、氧化亚氮和含氟气体所占比重分别为 91.66%、5.33%、0.91%和 2.10%；土地利用变化和林业碳吸收汇约为 41.24 万吨二氧化碳当量。在不包括土地利用变化和林业的情况下，2005 年香港特区温室气体的排放总量约为 4 129.45 万吨二氧化碳当量，其中二氧化碳、甲烷、氧化亚氮和含氟气体所占比重分别为 91.75%、5.27%、0.90%和 2.07%。表 4-4 列出了回算后 2005 年香港特区分排放领域的温室气体排放清单。

表 4-4　2005 年香港特区温室气体排放总量

单位：万吨二氧化碳当量

	CO_2	CH_4	N_2O	HFCs	PFCs	SF_6	合计
能源活动	3 786.09	8.87	18.56				3 813.52
工业生产过程	NO	NO	NO	73.20	0.19	12.28	85.67
农业活动		3.06	4.02				7.08
土地利用变化和林业	−41.24	NE	NE				−41.24
废弃物处理	2.55	205.86	14.77				223.18
总量（不包括 LUCF）	3 788.64	217.79	37.36	73.20	0.19	12.28	4 129.45
总量（包括 LUCF）	3 747.40	217.79	37.36	73.20	0.19	12.28	4 088.21

注：1. 阴影部分不需填写；此表中部分数据因四舍五入，可能存在总计与分项合计不等的情况；
2. NO（未发生）表示不存在此排放源或吸收汇；
3. NE（未计算）表示未计算该排放源或吸收汇。

（二）二氧化碳排放

能源活动是香港特区二氧化碳的主要排放源。2005 年香港特区二氧化碳排放量（不包括 LUCF）约为 3 788.64 万吨，其中能源活动排放量为 3 786.09 万吨，占 99.93%，废弃物处理排放量为 2.55 万吨。土地利用变化和林业吸收二氧化碳量约为 41.24 万吨，2005 年香港特区二氧化碳排放量（包括 LUCF）约为 3 747.40 万吨。

（三）甲烷排放

香港特区甲烷排放主要来源于废弃物处理，其后依次为能源活动和农业活动。2005 年香港特区甲烷排放量为 10.37 万吨，相当于 217.79 万吨二氧化碳当量，其中废弃物处理排放占 94.52%，能源活动排放占 4.07%，农业活动排放占 1.40%。

（四）氧化亚氮排放

香港特区氧化亚氮排放主要来源于能源活动、废弃物处理和农业活动。2005 年香港特区氧化亚氮排放量为 0.12 万吨，相当于 37.36 万吨二氧化碳当量，其中能源活动排放占 49.68%，废弃物处理排放占 39.54%，农业活动排放占 10.77%。

（五）含氟气体排放

2005 年香港特区含氟气体排放来自工业生产过程，排放量约为 85.67 万吨二氧化碳当量。

三、质量保证和质量控制

（一）减少不确定性的努力

为提高清单质量，清单编制机构在清单编制过程中特别注意加强清单编制的质量保证和质量控制工作。主要开展了以下工作：

（1）在编制指南方面，严格按照 IPCC 指南进行编制，以保障清单编制的科学性、可比性和透明度。

（2）在编制方法的选择上，根据资料的可获得性，尽量选用高层级方法进行清单计算，以保障清单结果的准确性。

（3）在活动水平资料的收集和分析过程中，与相关部门密切配合，努力获取权威的第一手官方资料，并有专门的人员管理、校核和检查，以保证所采用资料的可靠性和合理性。

（4）在确定排放因子时，尽量使用符合香港特区实际情况的排放因子，如没有则参考 IPCC 指南提供的缺省值，以确保清单结果的准确性。

（二）不确定性分析

根据《2006 年 IPCC 清单指南》的不确定性分析方法，2018 年香港特区温室气体清单的综合不确定性约为 4.49%，其中发电过程的燃煤排放是清单编制不确定性的最大来源，主要是电厂煤耗的品种和数量等统计数据方面的局限。

第二章　香港特区减缓行动及其效果

一、重点减缓行动政策效果分析

香港特别行政区政府（以下简称香港特区政府）一直致力于推行减缓温室气体排放的政策措施。2017 年 1 月发布的《香港气候行动蓝图 2030+》提出了 2030 年碳强度[9] 比 2005 年水平降低 65%～70%的目标，相当于碳排放总量降低 26%～36%、人均碳排放量将降到 3.3～3.8 吨的目标。香港特区政府争取于 2050 年前实现碳中和，并力争在 2035 年前达到把香港特区的温室气体排放量从 2005 年的水平减半的中期目标。香港特区政府于 2021 年 10 月公布《香港气候行动蓝图 2050》[10]，针对发电、运输和废弃物三大主要温室气体排放源，提出“净零发电”“节能绿建”“绿色运输”“全民减废”四大减碳策略，带领香港特区迈向碳中和。

为实现上述目标，香港特区政府推行了各项节约能源和可再生能源措施、推广电动车，以及引入创新的转废为能和转废为材设施。

在能源领域，香港特区逐步减少燃煤发电，增加使用天然气和零碳能源发电。另外，香港特区大力推广可再生能源，包括在不同政府设施尽量加装可再生能源系统，发展更多先进的转废为能设施，并引入上网电价和协助分布式可再生能源接入电网，鼓励私营机构及公众投资分布式可再生能源等。香港特区政府的中期目标是 2035 年或之前不再使用煤作日常发电，增加可再生能源在发电燃料组合中的比例 7.5%～10%，未来提升至 15%；并试验使用新能源和加强与邻近区域合作，争取 2035 年前将零碳能源比例增加 60%～70%，长远实现 2050 年前“净零发电”的目标。

香港特区政府也推动“节能绿建”，不断提高建筑物能效，包括于 2012 年实施《建

[9] 碳强度：单位本地生产总值温室气体排放量。

[10]《香港气候行动蓝图 2050》的网址：https://cnsd.gov.hk/wp-content/uploads/pdf/CAP2050_booklet_tc.pdf。

筑物能源效益条例》，为政府建筑物制定明确的节电目标，以及为主要政府建筑物开展能源审核；提升电器能效，推行强制性能源效益标签计划；开展建筑物温室气体排放核算，发布建筑物碳审计指南。目前，香港特区建筑物用电量约占总电力消耗的90%。推广绿色建筑、提高建筑物能源效益和加强实行低碳生活有助于降低用电和发电需求，并减轻市民因转用更多清洁能源发电的财政负担。香港特区政府的目标是在2050年或之前，商业楼宇的用电量较2015年减少30%～40%，住宅楼宇的用电量减少20%～30%；在2035年或之前实现以上目标的一半。对此，香港特区政府会探讨扩展屋宇装备装置能源效益标准的规管范畴，研究进行更频密的能源审核及强制实施建议的能源管理机会，并加强推动重新校验；同时探讨在更多新发展区兴建区域供冷系统，以及利用绿色创科提升系统的表现。香港特区政府也会持续检讨强制性能源效益标签计划，研究为各类受规管的器具制定最低能源效益要求等。

在交通领域，香港特区继续以铁路作为公共运输系统的骨干，在回应运输需求、合乎经济效益、配合新发展区和其他新发展项目的发展需要三大前提下，加上考虑铁路发展可能带来潜在的房屋供应，香港特区政府目前正有序地推进《铁路发展策略2014》建议的新铁路项目，目标是把铁路网络覆盖全港约 75%人口居住的地区和约85%的就业机会；继续大力推广电动车的使用，出台的政策措施包括宽减电动车首次登记税等。为争取实现 2050 年前碳中和的目标，发展“绿色运输”是减缓气候变化的主要减碳策略。香港特区政府会通过推动车辆和渡轮电动化、发展新能源交通工具及改善交通管理措施，长远实现 2050 年前车辆零排放和运输界别零碳排放的目标。此外，香港特区政府于2021年宣布在2035年或2035年之前停止新登记燃油和混合动力私家车；与专营巴士公司合作，试行以氢燃料电池驱动的巴士；并计划与其他相关机构合作，试行以氢燃料电池驱动的重型车辆。

在废弃物处理领域，香港特区政府提倡废弃物减量化，鼓励源头减废、提倡回收及循环再利用；强化资源回收利用，所有运作中的填埋场均以填埋气作为燃料生产的能源，供填埋场基础设施使用，同时为渗滤液处理设施提供热能，而剩余的填埋气经处理后会输送至煤气公司的供气管道网络，或用作发电并接驳至公共电网，两所运作中的转废为能设施，把有机废物及污泥处理过程中产生的热能转化成电力供应设施本身运作，并将剩余电力输送至公众电网；加大废弃物资源化，加强对未来废弃物管理及转运设施的规划研究。为实现2050年前废弃物处理达至碳中和的目标，香港特区政府确定了“全民减废”的中期目标，致力于在2035年或之前发展足够的转废为能设施，以摆脱依赖堆填区处理生活垃圾，以及支持循环经济发展；通过推行都市固体废弃物收费及其他减废回收措施，把都市固体废弃物的每日人均弃置量逐步减少40%～45%，同时把回收率提升约55%，计划较先前建议的2025年更早实施首阶段管制即弃塑料餐具。

各领域具体减缓行动及其效果详见表4-5。

通过实施上述一系列控制温室气体排放的政策和行动，香港特区控制温室气体的排放取得了明显成效，温室气体排放总量正逐步下降。2020年人均碳排放量由2005年的6.1吨减少至2020年的4.5吨，碳强度比2005年下降了43%。为了实现碳中和的目标，香港特区政府在未来15～20年将投放约2 400亿港元推行各项减缓和适应气候变化的措施，包括可再生能源、节能绿建、绿色运输和废弃物管理、加强海岸防御、巩固斜坡和排水系统改善工程等。

二、特区MRV相关信息

有关香港特区的减缓行动，香港特区政府于2016年成立由政务司司长主持的气候变化督导委员会，加强督导和统筹政府跨部门应对气候变化的工作。为了在2050年前实现碳中和的目标，香港特区政府2021年把气候变化督导委员会提升为气候变化及碳中和督导委员会，由行政长官亲自主持，委员会负责制定整体策略和监督各行动协作。随后，环境及生态局成立新的气候变化与碳中和办公室，加强统筹和推动深度减碳工作，并成立应对气候变化的专责咨询委员会，鼓励包括青年人在内的社会各界积极参与应对气候变化行动。

为了促进温室气体审定和核查领域的发展，香港特区2012年12月推出温室气体审定和核查机构的从业许可服务。获得从业许可的机构可以按照ISO 14064标准开展温室气体排放报告审定和核查工作。

表 4-5　香港特区减缓行动及其效果汇总

序号	行动名称	行动目标或主要内容	覆盖领域/温室气体	时间尺度	行动性质	监管部门	状态	进展信息	方法学和假设	预估减排效果	获得支持
1	《香港气候行动蓝图2030+》及《香港气候行动蓝图2050》	香港特区政府2017年1月公布了《香港气候行动蓝图2030+》，确定了2030年香港碳排放强度比2005年水平降低65%～70%的目标。随后2021年10月公布《香港气候行动蓝图2050》，确定了“净零发电”“节能绿建”“绿色运输”“全民减废”四大减碳策略，争取于2050年前实现碳中和及在2035年前把香港特区的温室气体排放量从2005年的水平减半。除上述减碳目标外，两份蓝图还包括减缓、适应及应变方面各项主要措施的详情	所有领域/二氧化碳、甲烷、氧化亚氮和含氟气体	2017—2050年	强制/政府	香港环境及生态局[11]	执行中	2020年人均碳排放量减少至4.5吨，碳强度比2005年下降了43%	人均碳排放量下降率=（1−目标年人均碳排放量/基年人均碳排放量）×100% 碳强度下降率=（1−目标年碳强度/基年碳强度）×100%	预计2035年前香港特区的温室气体排放量从2005年的水平减半及在2050年前实现碳中和	香港特区政府

[11] 前身为香港环境局。香港特区政府于2022年7月1日重整架构，成立新的环境及生态局，扩大以往环境局的职能，整合环境保护、自然生态保育、环境卫生、食物安全、渔农和动物福利等政策和工作，发挥协同作用，更有效提升香港的整体环境和保持环境卫生，以及推动应对气候行动、生物多样性等相关工作。

序号	行动名称	行动目标或主要内容	覆盖领域/温室气体	时间尺度	行动性质	监管部门	状态	进展信息	方法学和假设	预估减排效果	获得支持
节能绿建											
2	《香港都市节能蓝图2015—2025+》	这是香港特区首份都市节能蓝图，分析使用能源的情况及制定相关政策、策略、目标及主要行动计划，以配合实现香港特区节能目标	能源/二氧化碳	2015—2025年后	强制/自愿/政府/市场	香港环境及生态局	执行中	蓝图设定了以2005年为基年，于2025年之前实现能源强度（单位本地生产总值能源最终用途）减少40%的目标。2005—2019年，能源强度已减少了超过三成	减排量=节能量×排放因子	预计到2025年减排量为140万吨/年	香港特区政府
3	《建筑物能源效益条例》	《建筑物能源效益条例》规定，新落成或进行大翻新的建筑物内的中央屋宇装备装置，必须符合《屋宇装备装置能源效益实务守则》要求的能源效益标准。该条例也要求商业建筑物的拥有人依据《建筑物能源审核实务守则》，每隔 10 年对中央屋宇装备装置进行强制性能源审核。上述两项守则每 3 年修订一次	建筑运营/二氧化碳	2012年开始	强制/政府/市场	香港环境及生态局/机电工程署	执行中	电力需求减少。《屋宇装备装置能源效益实务守则》2021年版及《建筑物能源审核实务守则》2021 年版在修订时检视相关技术及国际普遍应用能效标准的最新发展	减排量=节能量×排放因子	预计到2025年减排量为240万吨/年（到2028年减排量为300万吨/年）	香港特区政府

序号	行动名称	行动目标或主要内容	覆盖领域/温室气体	时间尺度	行动性质	监管部门	状态	进展信息	方法学和假设	预估减排效果	获得支持
4	强制性能源效益标签计划	在计划下，于市场上供应的订明产品[12]均须贴上能源标签，使消费者得知有关产品的能源效益表现	能源/二氧化碳	2009年开始	强制/政府/市场	香港环境及生态局/机电工程署	执行中	电力需求减少。计划分阶段扩展。截至2020年，计划涵盖8类订明产品	减排量=节能量×排放因子	预计到2025年减排量为72万吨/年	香港特区政府
5	启德发展区的区域供冷系统	启德发展区的区域供冷系统是一个大型的中央空调系统，该供冷系统利用海水在中央供冷站制造冷水，并通过地下管道网络输送到启德发展区的用户楼宇。整项区域供冷系统工程将于2028年前完成	能源/二氧化碳	2011—2028年	自愿/政府/市场	香港环境及生态局/机电工程署	执行中	电力需求减少。现有的区域供冷系统已于2013年开始运作，为配合区内发展密度增加，新增的区域供冷系统项目于2020年12月展开	减排量=节能量×排放因子	当区域供冷系统在2028年全部启用后，预计减排量为9.66万吨/年	香港特区政府
6	广泛使用较具能源效益的淡水冷却塔水冷式空调系统	自2000年推出淡水冷却塔计划至2020年年末，已超过2 800座淡水冷却塔建成并已投入运作。据估计，约750座新建的淡水冷却塔将于2021—2025年完成。机电工程署会继续推动广泛使用淡水冷却塔	能源/二氧化碳	2000年开始	自愿/政府/市场	香港环境及生态局/机电工程署	执行中	电力需求减少	减排量=节能量×排放因子	预计到2025年减排量为50万吨/年	香港特区政府

[12] “订明产品”是《能源效益（产品标签）条例》中指明的产品。

序号	行动名称	行动目标或主要内容	覆盖领域/温室气体	时间尺度	行动性质	监管部门	状态	进展信息	方法学和假设	预估减排效果	获得支持
绿色运输											
7	电动车普及化路线图	香港特区政府2021年公布了首份《香港电动车普及化路线图》（以下简称《路线图》），订立了“零碳排放·清新空气·智慧城市”的愿景，阐述推动使用电动车的长远政策目标及计划，以达致2050年前车辆零排放的目标。《路线图》提出了涵盖多方面的措施，包括在2035年或之前停止新登记燃油及混合动力私家车的目标	能源/二氧化碳	2021年开始	强制/政府	香港环境及生态局/环保署	执行中	香港的电动车数量已从2010年约180辆，增长了超过100倍截至2020年逾18 500辆	—	—	香港特区政府
转废为能											
8	污泥处理设施	污泥处理设施已于2015年4月开始运作，该设施采用先进焚化技术处理从污水处理厂产生的污泥，由焚化过程产生的热能会转化成电力，以应对设施的电力需求，并将剩余电力输出至公众电网	能源及废物处理/二氧化碳、甲烷	2015年开始运作	强制/政府	香港环保署	执行中	减少温室气体	减排量=替代化石能源量×排放因子+避免堆填气体的产生	预计减排量24万吨/年	香港特区政府

序号	行动名称	行动目标或主要内容	覆盖领域/温室气体	时间尺度	行动性质	监管部门	状态	进展信息	方法学和假设	预估减排效果	获得支持
9	有机资源回收中心1期	有机资源回收中心第1期已于2018年7月落成启用，该设施采取生物处理技术把工商业界的厨余转化为有用的资源，如生物气体及堆肥产品	能源及废弃物处理/二氧化碳、甲烷、氧化亚氮	2018年开始运作	兴建：政府 使用：自愿/市场/政府	香港环保署	执行中	减少温室气体	减排量=替代化石能源量×排放因子+避免堆填气体的产生	预计减排量为4.2万吨/年	香港特区政府
10	有机资源回收中心2期	香港特区政府于2019年9月开始设计及兴建有机资源回收中心第2期，该设施将采取生物处理技术把厨余转化为有用的资源，包括生物气体及肥料	能源及废弃物处理/二氧化碳、甲烷、氧化亚氮	2024年开始运作	兴建：政府 使用：自愿/市场/政府	香港环保署	设施兴建中	减少温室气体	减排量=替代化石能源量×排放因子+避免堆填气体的产生	预计减排量为6.7万吨/年	香港特区政府
11	综合废弃物管理设施第1期	香港特区政府于2017年12月已开始设计及兴建综合废弃物管理设施第1期，该设施将采用先进的转废为能技术，以大幅缩减废弃物的体积及将废弃物转化为能源	能源及废弃物处理/二氧化碳	2025年开始运作	强制/政府	香港环保署	设施兴建中	减少温室气体	减排量=替代化石能源量×排放因子+避免堆填气体的产生	预计减排量为44万吨/年	香港特区政府

第五部分

澳门特别行政区应对气候变化基本信息

澳门是中国的特别行政区，是一个气候温和、资源短缺、人口密度高、博彩业高度发展和充满活力的城市，也是世界闻名的旅游和休闲目的地[13]。

[13] 特区区情及机构安排等部分内容在《中华人民共和国气候变化第四次国家信息通报》中已有介绍，因此，本报告不再重复，相关内容请参见《中华人民共和国气候变化第四次国家信息通报》。

第一章　澳门特区温室气体清单

2018 年澳门特别行政区（以下简称澳门特区）温室气体清单主要参考《2006 年 IPCC 清单指南》及《IPCC 2006 年国家温室气体清单指南 2019 修订版》，少数计算参数及排放因子参考了《1996 年 IPCC 清单指南》的缺省值。根据澳门特区的实际情况及相关数据的可获得性，2018 年澳门特区温室气体清单的报告范围主要包括能源活动和城市废弃物处理的温室气体排放，计算的温室气体种类包括二氧化碳、甲烷和氧化亚氮。

一、2018 年温室气体清单综述

2018 年澳门特区温室气体排放总量为 132.9 万吨二氧化碳当量（表 5-1），其中能源活动排放量约占总排放量的 94.7%，废弃物处理排放量约占总排放量的 5.3%（图 5-1）。2018 年澳门特区温室气体排放总量中二氧化碳约为 123.1 万吨，约占排放总量的 92.6%；甲烷约为 1.4 万吨二氧化碳当量，约占排放总量的 1.1%；氧化亚氮约为 8.4 万吨二氧化碳当量，约占排放总量的 6.3%（图 5-2）。

表 5-1　2018 年澳门特区温室气体排放总量

单位：万吨二氧化碳当量

	CO_2	CH_4	N_2O	HFCs	PFCs	SF_6	合计
能源活动	122.8	0.6	2.3				125.8
工业生产过程	NE	NE	NE	NE	NE	NE	NE
农业活动		NO	NO				NO
土地利用变化和林业	NE	NE	NE				NE
废弃物处理	0.2	0.8	6.1				7.1
总量（不包括 LUCF）	123.1	1.4	8.4	NE	NO	NO	132.9
总量（包括 LUCF）	123.1	1.4	8.4	NE	NO	NO	132.9

注：1. 此表中部分数据因四舍五入，可能存在总计与分项合计不等的情况；

2. NO（未发生）表示不存在此排放源或吸收汇；NE（未计算）表示未计算该排放源或吸收汇。

表 5-2 2018 年澳门特区温室气体清单

单位：百吨

温室气体排放源与吸收汇类别	CO_2	CH_4	N_2O
总量（不包括 LUCF）	12 306.6	6.8	2.7
能源活动	12 281.9	3.1	0.7
– 燃料燃烧	12 281.9	3.1	0.7
◆能源工业	4 989.7	1.9	0.4
◆制造业和建筑业	1 026.2	0.0	0.0
◆交通运输	4 213.6	1.1	0.4
◆其他行业	2 052.5	0.0	0.0
– 逸散排放	NE	NE	
工业生产过程	NE	NE	NE
农业活动		NO	NO
土地利用变化和林业	NE	NE	NE
废弃物处理	24.6	3.7	2.0
– 固体废弃物处理	24.6	0.0	0.0
– 废水处理		3.7	2.0
信息项			
– 特殊地区航空	4 298.2	0.0	0.1
– 特殊地区航海	2 007.4	0.2	0.1
– 国际航空	2 813.3	0.0	0.1
– 国际航海	NO	NO	NO
– 生物质燃烧	2 839.3		

注：1. 此表中部分数据因四舍五入，可能存在总计与分项合计不等的情况；

2. NO（未发生）表示不存在此排放源或吸收汇；NE（未计算）表示未计算该排放源或吸收汇；

3. 工业生产过程未能收集计算氢氟碳化合物、全氟碳化合物和六氟化硫等相关活动数据，这部分在总计中以未计算表示；

4. 燃料的逸散排放、土地利用变化和林业因统计体系仍在建设中，故未能计算相关排放量；

5. 信息项不计入排放总量，其中的生物质燃烧 CO_2 排放只包括生物成因的废弃物燃烧活动；

6. “特殊地区航空”和“特殊地区航海”指澳门特区往返内地、香港特区和台湾地区的航空及航海；

7. 0.0 表示计算结果小于 0.05。

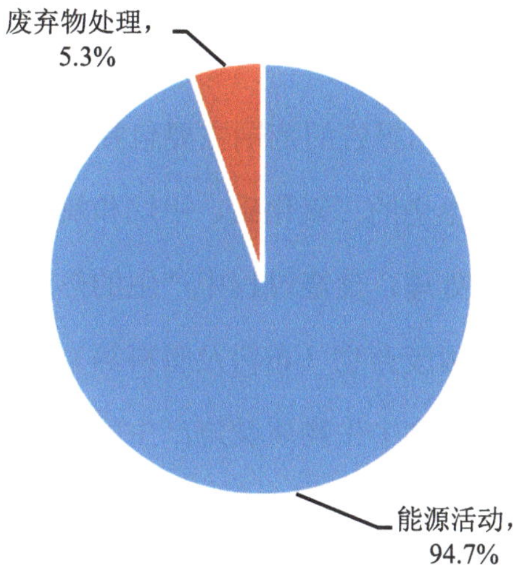

图 5-1　2018 年澳门特区温室气体排放领域构成

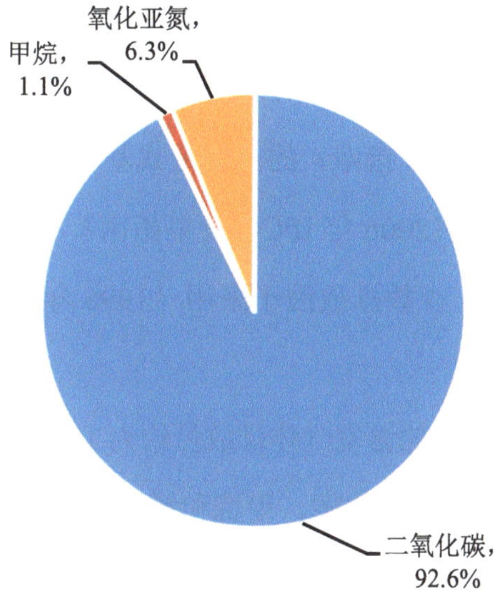

图 5-2　2018 年澳门特区温室气体排放气体构成

2018年澳门特区国际航空及特殊地区航空的温室气体排放约为71.8万吨二氧化碳当量，特殊地区航海排放约为 20.3 万吨二氧化碳当量，城市废弃物中生物质燃烧所产生的二氧化碳约为 28.4 万吨。以上活动的温室气体排放量合计约为 120.5 万吨二氧化碳当量，按照相关要求均作为信息项单列，并未列入澳门特区温室气体排放总量。

（一）能源活动

能源活动温室气体清单编制和报告的范围主要包括能源工业、制造业和建筑业、道路交通及其他部门化石燃料燃烧的二氧化碳、甲烷和氧化亚氮排放。考虑澳门特区城市废弃物主要采取焚烧形式处理，焚烧过程中产生的热量会被回收进行发电并输送至澳门特区电网，故将化石成因废弃物（布料及塑料等）焚烧发电的温室气体排放纳入能源活动的计算中，城市废弃物中生物质焚烧产生的二氧化碳排放则不计入排放总量，只在信息项中记录。

能源活动清单中，能源加工转换、制造业和建筑业、道路交通、其他部门及特殊地区水上运输化石燃料燃烧产生的二氧化碳、甲烷和氧化亚氮排放均采用《2006 年 IPCC 清单指南》方法 1 的部门法进行计算，国际航空和特殊地区航空的二氧化碳、甲烷和氧化亚氮排放均选择采用《2006 年 IPCC 清单指南》方法 2 进行计算。

活动水平数据来源于澳门特区官方的统计数据和相关行业数据，领域分类和燃料品种分类与《2006 年 IPCC 清单指南》的分类方式基本相同。

排放因子数据主要参考《2006 年 IPCC 清单指南》和《IPCC 2006 年国家温室气体清单指南 2019 修订版》，少数排放因子采用《1996 年 IPCC 清单指南》中提供的缺省值。

2018 年澳门特区能源活动的温室气体排放量约为 125.8 万吨二氧化碳当量，占澳门特区排放总量的 94.7%，其中二氧化碳、甲烷和氧化亚氮排放量分别约为 122.8 万吨、0.6 万吨二氧化碳当量和 2.3 万吨二氧化碳当量。能源活动的二氧化碳排放量占澳门特区二氧化碳排放总量的 99.8%。

2018 年澳门特区能源活动的排放中，能源加工转换排放量约为 51.4 万吨二氧化碳当量，占 40.9%；道路交通排放量约为 43.5 万吨二氧化碳当量，占 34.6%；其他部门（包括商业、饮食业、酒店和住宅）排放量约为 20.6 万吨二氧化碳当量，占 16.3%；制造业和建筑业排放量约为 10.3 万吨二氧化碳当量，占 8.2%。

（二）废弃物处理

废弃物处理温室气体清单编制和报告的范围包括城市生活污水处理的甲烷和氧化亚氮排放，以及废弃物焚烧处理造成的二氧化碳、甲烷和氧化亚氮排放。

澳门特区废弃物处理过程的温室气体排放采用了《2006 年 IPCC 清单指南》和《IPCC 2006 年国家温室气体清单指南 2019 修订版》提供的方法 1 计算。

废水处理过程的氧化亚氮排放活动水平数据来源于澳门特区统计局提供的人口数量和联合国粮食及农业组织提供的 2018 年度关于澳门特区人均全年蛋白质含量，排放因子来源于 IPCC 缺省值；废弃物焚烧产生的二氧化碳、甲烷和氧化亚氮排放直接采用澳门特区统计局和环境保护局提供的活动水平数据和 IPCC 推荐的排放因子缺省值。

2018 年，澳门特区废弃物处理产生的温室气体排放量约为 7.1 万吨二氧化碳当量，占澳门特区排放总量的 5.3%，其中废水处理和固体废弃物处理排放量分别为 6.8 万吨二氧化碳当量和 0.3 万吨二氧化碳当量，分别占废弃物处理排放量的 96.4%和 3.6%。

二、2005 年温室气体清单信息

随着计算方法的改进、计算范围的拓展及数据的更新，此次采用与 2018 年相同的编制方法，对 2005 年的温室气体清单进行了回算。

回算后的 2005 年能源活动清单新增报告内容包括生物质发电（生物成因固体垃圾）的二氧化碳排放，废弃物处理清单中增加了废弃物焚烧处理的甲烷排放。

2005 年，澳门特区温室气体排放总量约为 187.4 万吨二氧化碳当量（表 5-3），其中，二氧化碳、甲烷、氧化亚氮所占比重分别为 96.8%、0.5%和 2.7%。

表 5-3 2005 年澳门特区温室气体排放总量

单位：万吨二氧化碳当量

	CO_2	CH_4	N_2O	HFCs	PFCs	SF_6	合计
能源活动	181.3	0.4	1.3				183.1
工业生产过程	NE	NE	NE	NE	NE	NE	NE

	CO_2	CH_4	N_2O	HFCs	PFCs	SF_6	合计
农业活动		NO	NO				NO
土地利用变化和林业	NE	NE	NE				NE
废弃物处理	0.1	0.5	3.7				4.3
总量（不包括 LUCF）	181.4	1.0	5.1	NE	NO	NO	187.4
总量（包括 LUCF）	181.4	1.0	5.1	NE	NO	NO	187.4

注：1．此表中部分数据因四舍五入，可能存在总计与分项合计不等的情况；
2．NO（未发生）表示不存在此排放源或吸收汇；NE（未计算）表示未计算该排放源或吸收汇。

能源活动是澳门特区二氧化碳排放的主要来源。2005 年二氧化碳排放 181.4 万吨，其中能源活动排放 181.3 万吨，化石成因固体废弃物焚烧排放 0.1 万吨。

甲烷排放主要来源于废弃物处理。2005 年甲烷排放 454 吨，相当于 1.0 万吨二氧化碳当量，其中废弃物处理占 56.4%，能源活动排放占 43.6%。

氧化亚氮排放主要来源于废弃物处理。2005 年氧化亚氮排放 163 吨，相当于 5.1 万吨二氧化碳当量，其中废弃物处理占 73.5%，能源活动排放占 26.5%。

三、质量保证和质量控制

（一）减少不确定性的努力

为了降低温室气体清单计算结果的不确定性，在清单编制方法方面，澳门特区清单编制机构采用了《2006 年 IPCC 清单指南》和《IPCC 2006 年国家温室气体清单指南 2019 修订版》的方法，保证清单编制方法学的科学性、可比性和一致性。在条件允许的情况下，根据所能获得的活动水平数据，尽可能地选用高级方法，如国际航空和特殊地区航空均采用较为详细的方法 2 进行计算。在活动水平数据方面，为保证数据的权威性，尽可能采用经特区政府部门核实后的官方数据，包括澳门特区统计暨普查局、民航局、环境保护局和交通事务局等政府部门的数据。在清单编制过程中，邀请国家温室气体清单编制团队作为第三方独立专家对清单进行了评审。

（二）不确定性分析

在准备 2018 年澳门特区温室气体清单过程中，尽管澳门特区已在报告范围、清单方法、清单质量等方面进行了大量准备工作，但是澳门特区温室气体清单仍存在一定的不确定性。

澳门特区清单编制机构采用《2006 年 IPCC 清单指南》提供的不确定性计算方法 1，以及参考《2006 年 IPCC 清单指南》《IPCC 2006 年国家温室气体清单指南 2019 修订版》的排放因子的不确定性。2018 年澳门特区温室气体清单的综合不确定性约为 13.0%，其中能源活动和废弃物处理领域的不确定性分别为 10.3%和 161.3%。见表 5-4。

表 5-4　2018 年澳门特区温室气体清单的不确定性分析结果

	排放量/万吨二氧化碳当量	不确定性
能源活动	125.8	10.3%
废弃物处理	7.1	161.3%
综合不确定性	13.0%	

第二章　澳门特区减缓行动及其效果

一、重点减缓行动政策效果分析

2016年，澳门特别行政区政府（以下简称澳门特区政府）制定了《澳门特别行政区五年发展规划（2016—2020年）》，明确了积极配合国家绿色发展战略，大力推动绿色、低碳、减排之文明健康生活模式。2021年澳门特区政府公布了《澳门特别行政区经济和社会发展第二个五年规划（2021—2025年）》，进一步确立控制温室气体的目标为2025年单位地区生产总值温室气体排放在2005年基础上降低55%，并争取在2030年或之前实现碳达峰。

为实现上述目标，澳门特区政府采取了一系列减缓行动。在能源领域，澳门特区政府逐步提高天然气发电比例，持续提高输入电力中清洁电能的比例，并推广光伏发电等可再生能源利用，改善澳门特区能源消费结构。澳门特区天然气发电比例由2017年的52.9%提升至2020年的57.1%，逐步提高天然气发电比例。路氹区天然气主干管网建设工程基本完成。连接氹仔与澳门半岛之间过海供气管道的建造已于2021年开展，建成后供气网络将延伸至澳门半岛南部，居民生活将能够减少液化石油气的消费。

在交通运输领域，澳门特区政府积极减少机场能源消耗与碳排放，实施陆路交通公交优先政策，发展以轻轨为主干的公交路网，推动环保节能车辆的使用。2019年，轻轨氹仔线正式开通，覆盖氹仔市中心的主要住宅区、旧城区及旅游区，开通首月载客量超过82万人次。截至2020年，累计引入543部欧Ⅳ或欧Ⅴ标准的环保巴士和69部天然气巴士，较2016年分别增加了29%和53%，另外增程式电动巴士也增加至10部。

在节能和提高能效方面，澳门特区政府全面实施能源管理机制，制订公共部门和机构节能计划，监察和管理能源的使用情况，以提升公共部门的能源效益。同时，参考邻近地区的能耗限额标准，制定了适合澳门特区情况的能耗限额标准，让各部门具备更清晰的节能目标，持续改善和优化能源管理工作。《LED 路灯更换计划》已基本完成。截至 2021 年年底，全澳门特区 LED 街灯约占全部街灯总数的 54%。

在推动酒店和旅游业节能方面，澳门特区政府自 2007 年开始，每年举办“澳门环保酒店奖”评选活动，以鼓励酒店及相关产业实现环保、低碳及清洁发展。截至 2020 年，环保酒店数目约占澳门特区酒店总数的 50%，得奖酒店设置电动车充电位的数目与 2019 年相比增加超过 70%，使用电动车辆作穿梭巴士的得奖酒店数目也增加超过 30%。

在城市绿化方面，澳门特区政府持续种植新树木，积极提高澳门特区的绿化面积比例，增加澳门特区各区的立体绿化空间。2017—2020 年，在公园、休憩区及人行道植树超过 4 000 株，在氹仔海滨休憩区沿岸种植红树苗逾万株，在路环进行林区改造植树逾 6 000 株。

通过积极推广环保节能、低碳澳门特区和绿色生活理念，实施一系列减排政策及相关措施，澳门特区 2018 年人均温室气体排放（二氧化碳当量）比 2017 年下降约 25.5%；单位地区生产总值温室气体排放（按二氧化碳当量计）比 2017 年下降约 27.7%。详细的减缓行动及其效果见表 5-5。

表 5-5　减缓行动及其效果

序号	行动名称	行动目标或主要内容	覆盖领域/温室气体	时间尺度	行动性质	监管部门	状态	进展信息	方法学和假设	预估减排效果	获得支持
1	提高天然气发电比例	2008年开始引入天然气发电，逐步提高天然气发电比例	能源/二氧化碳	2008 年至今	政府	澳门环境保护局	执行中		减排量=（天然气用气量×天然气排放因子）−（重油用量×重油排放因子） 基年：2008 年	2008—2020 年减排 32 万吨二氧化碳	澳门特区政府
2	参加国际机场协会机场碳排放认可计划	2018 年每起降架次的碳排放量比 2012 年减少 20%。 通过提高能源和燃油效益，加强废弃物管理及回收，减少机场碳排放	能源、废弃物处理/二氧化碳、甲烷、氧化亚氮	2012—2018 年	自愿	澳门民航局	已完成		每起降架次的碳减排量=当年每起降架次的碳排放量−基年每起降架次的碳排放量 基年：2012 年 排放源边界： 根据机场碳认证计划指南中二级认证要求，计算直接排放和能源间接排放的排放量	2018 年机场每起降架次的碳排放量比 2012 年下降 26.7%	澳门国际机场专营股份有限公司、澳门机场管理有限公司和环保节能基金
3	减少机场每起降架次之碳排放量	2028 年每起降架次的碳排放量比 2018 年减少 30%。 提高能源效益，替换照明系统和环保车辆，以及实施机场大楼能源管控，并加强废弃物管理及回收以减少碳排放	能源、废弃物处理/二氧化碳、甲烷、氧化亚氮	2018 年至今	自愿	澳门民航局	执行中		每起降架次的碳减排量=当年每起降架次的碳排放量−基年每起降架次的碳排放量 基年：2018 年 排放源边界： 根据机场碳认证计划指南中二级认证要求，计算直接排放和能源间接排放的排放量	—	澳门国际机场专营股份有限公司、澳门机场管理有限公司

序号	行动名称	行动目标或主要内容	覆盖领域/温室气体	时间尺度	行动性质	监管部门	状态	进展信息	方法学和假设	预估减排效果	获得支持
4	推动环保车辆使用	对符合环保排放标准的新机动车辆提供税务优惠。主要目标是鼓励市民使用环保车辆，以减少二氧化碳和尾气污染物排放	能源/二氧化碳	2012 年至今	政府/自愿	澳门环境保护局	执行中		减排量=节油量×汽油排放因子 基年：2012 年	2012—2020 年共计减排 9.4 万吨二氧化碳	澳门特区政府
5	公共部门/机构能源效益和节约能源计划	公共部门/机构通过自行制订节能计划，管理日常能源使用情况	能源/二氧化碳	2007 年至今	政府/自愿	澳门环境保护局	执行中		减排量=节电量×发电排放因子 基年：2007 年	2008—2020 年合计减排 1.4 万吨二氧化碳	澳门特区政府
6	LED 公共户外照明应用	更换及采用 LED 路灯	能源/二氧化碳	2010 年至今	政府	澳门环境保护局	执行中		减排量=节电量×发电排放因子 基年：2010 年	2010—2020 年共计减排 0.3 万吨二氧化碳	澳门特区政府
7	LED 公共地方照明应用	为行人天桥、公园和公厕更换 LED 灯具	能源/二氧化碳	2015 年至今	政府	澳门市政署	执行中		减排量=节电量×发电排放因子 基年：2015 年	2015—2020 年共计减排 0.7 万吨二氧化碳	澳门特区政府

二、特区 MRV 相关信息

澳门特区政府的 MRV 工作仍处于起步阶段。在温室气体清单方面，澳门特区已建立初步的基础统计和核算体系。2016 年，通过完善《澳门对外贸易货物分类表/协调制度》，把产品用作消耗臭氧层物质的替代物纳入相关统计中。过去几年，澳门特区已配合国家根据 IPCC 指南完成和提交 4 个年份的澳门特区温室气体清单，并接受了国家专家和国际专家组的评审。在企业清单方面，2016 年举办温室气体 MRV 专题研讨会，邀请国家专家分享经验，以提高澳门特区主要能耗机构对温室气体排放量 MRV 相关工作的认知。之后，澳门特区政府也前往大型企业中开展调研工作，为推动酒店业碳审计工作做准备。

未来，澳门特区政府将会有序推进相关工作。一方面，将持续优化和完善澳门特区的基础统计和核算体系，加强能源、工业、林业、废弃物等领域的相关统计；另一方面，将积极拓展企业的碳审计工作，研究和制定不同企业的碳审计指南，协助企业建立完善的基础统计体系，以确保澳门特区在应对气候变化方面的工作满足国家和国际要求。

Part II National Greenhouse Gas Inventory

In accordance with relevant decisions adopted by the UNFCCC and China's national circumstances, the National GHG Inventory of 2018 (NGI 2018) covers the emission and absorption of six gases including carbon dioxide (CO_2), methane (CH_4), nitrous oxide (N_2O), hydrofluorocarbons (HFCs), perfluorocarbons (PFCs), and sulfur hexafluoride (SF_6) associated with the Energy, Industrial Processes, Agriculture, Land Use, Land-Use Change and Forestry (LULUCF), and Waste. According to the implementation requirements of the Paris Agreement, the 2006 IPCC Guidelines for National Greenhouse Gas Inventories[1] (hereinafter referred to as the 2006 IPCC Guidelines) will be applicable from 2024 in preparing reports and inventories. For better technical and capacity-building preparation of the forthcoming compliance requirements, the methodology adopted for the current round of inventory has gradually been updated in accordance with the 2006 IPCC Guidelines. The Inventory mainly follows the 2006 IPCC Guidelines, the Revised 1996 IPCC Guidelines for National Greenhouse Gas Inventories (hereinafter referred to as the Revised 1996 IPCC Guidelines), the IPCC Good Practice Guidance and Uncertainty Management in National Greenhouse Gas Inventories (hereinafter referred to as GPG 2000), and GPG 2000 for Land Use, Land-Use Change and Forestry (hereinafter referred to as GPG-LULUCF). Activity data are mainly from official statistics, while emission factors are primarily from China's country-specific parameters, followed by the defaulted IPCC emission factor.

[1] IPCC: Intergovenmental Panel on Climate Change.

Chapter 1 Scope and Methodologies

1.1 Key Category Analysis

In accordance with the 2006 IPCC Guidelines, Approach 1 was used to identify NGI 2018 key categories. The results showed that NGI 2018 included 51 key categories, including: Emission sources from Energy such as public electricity and heat production, iron and steel, non-metallic minerals and road transport; sources from Industrial Processes including CO_2 emissions from cement production, N_2O emissions from adipic acid production, HFCs emissions from fluorochemicals production; sources from Agriculture including CH_4 emissions from enteric fermentation, manure management and rice cultivation, and N_2O emissions from agricultural soils; sources from Waste such as CH_4 emissions from landfill and wastewater treatment; LULUCF such as carbon stock changes from unchanged land by category and land converted to other land-use categories and non-CO_2 emissions. Emissions from these key categories were calculated with higher-tier methods and country-specific emission factors for NGI 2018. The methodologies applied for NGI 2018 are shown in Table 1-1.

Table 1-1 Methodologies Used for the National GHG Inventory of 2018

Source/Sink Categories	CO_2		CH_4		N_2O	
	Methodology	Emission Factors	Methodology	Emission Factors	Methodology	Emission Factors
Energy industries	T2	D, CS	T1, T2	D, CS	T1, T2	D, CS
Manufacturing industries and construction	T2	D, CS	T1	D	T1	D
Transport	T2	D, CS	T1, T3	D, CS	T1, T3	D, CS

Source/Sink Categories	CO_2		CH_4		N_2O	
	Methodology	Emission Factors	Methodology	Emission Factors	Methodology	Emission Factors
Other sectors	T2	D, CS	T1	D	T1	D
Fugitive emissions from solid fuels			T1, T2, T3	D, CS		
Fugitive emissions from oil and natural gas			T1, T3	D, CS		
Mineral industry	T1, T2	D, CS				
Chemical industry	T1, T2	D, CS	NE	NE	T2	CS
Metal industry	T1, T2	D, CS	T1	D	NO	NO
Non-energy products from fuels and solvent use	T1	D				
Enteric fermentation			T1, T2	D, CS		
Manure management			T1, T2	D, CS	T1, T2	D, CS
Rice cultivation			T3	CS		
Agricultural soils					T1, T2	D, CS
Field burning of agricultural residues			T1	D	T1	D
Forest land	T2	CS	T1	D	T1	D
Cropland	T3	CS	IE	IE	IE	IE
Grassland	T2	CS	T1	D	T1	D
Wetlands	T2	CS	T2	CS	NE	NE
Settlements	T2	CS				
Other land	T2	CS				
Harvested wood products	T2	CS				
Solid waste			T1, T2	D, CS		
Biological treatment			T1, T2	D, CS	T1, T2	D, CS
Wastewater treatment			T1, T2	D, CS	T1, T2	D, CS
Incineration of waste	T2	CS	T1	D, CS	T1	D, CS

Notes: 1. The methodological codes T1, T2 and T3 represent Tier 1, Tier 2 and Tier 3 methods respectively;

2. The emission factor code CS represents the country-specific emission factor in China, D represents the defaulted IPCC emission factor;

3. IE (included elsewhere) stands for sources which have been calculated and reported under other sub-categories. NE (not estimated) stands for emissions by sourses and removals by soures which have not been estimated. NO (not occurred) stands for sources or sinks which do not exist;

4. Their parallel appearance shows that the sub-items use different Tier methods or emission factor data sources;

5. Shaded cells do not require entries.

1.2 Energy

Energy in NGI 2018 contains fuel combustion and fugitive emissions. Fuel combustion emissions cover energy industries, manufacturing and construction industries, transport and other sectors, of which, other sectors can be further segmented into service, agriculture and household. Fugitive emissions cover CH_4 emissions from solid fuels, and oil and natural gas systems. CO_2 emissions from fossil fuel combustion were calculated by the Sectoral Approach in the 2006 IPCC Guidelines and were verified with the Reference Approach. CH_4 and N_2O emissions from electricity and heat generation were calculated by Tier 2 method. CH_4 and N_2O emissions from other stationary fuel combustion sources were calculated by Tier 1 method. With regard to mobile combustion emissions, those from road transport were calculated by Tier 3 method, i.e., the COPERT model; those from aviation were calculated by Tier 2 method; those from railways, navigation and other transportation were calculated by Tier 1 method. CH_4 emissions from residential biofuel use and incineration of Waste were calculated by Tier 2 method. CH_4 emissions from other biofuel use were calculated by Tier 1 method. Emissions from mining and post-mining activities were calculated by Tier 2 method; emissions from open-pit coal mining were calculated by Tier 1 method; emissions from abandoned mines were calculated by Tier 3 method. Fugitive CH_4 emissions from the oil and gas systems were calculated using the combination of Tier 1 and Tier 3 methods.

1.3 Industrial Processes

Industrial Processes in NGI 2018 include the GHG emissions from Mineral products, chemical industry, metal industry, non-energy products from fuels and solvent use, and consumption of halocarbons and sulfur hexafluoride (SF_6). Comparing with NGI 2014, 4 emission sources were added into the chemical industry category, namely emissions from the production of caprolactam, titanium dioxide, methanol and ethylene; emissions from non-energy uses of lubricants and paraffin waxes were shifted from the Energy to Industrial Processes; emissions from the production of halocarbons and sulfur hexafluoride (SF_6) were included in fluorochemical production processes under the chemical industry category. The preparation of NGI 2018 fully adopts the 2006 IPCC Guidelines with most of the sources calculated using Tier 2 method, as shown in Table 1-1.

1.4 Agriculture

Agriculture in NGI 2018 includes CH_4 emissions from enteric fermentation, CH_4 and N_2O emissions from manure management, CH_4 emissions from rice cultivation, N_2O emissions from agricultural soils, and CH_4 and N_2O emissions from field burning of agricultural residues. The scope of NGI 2018 was similar to that of NGI 2014. Key sources of animal enteric fermentation and manure management were calculated by Tier 2 method of the 2006 IPCC Guidelines; CH_4 emissions from rice cultivation were calculated using the domestic CH_4MOD model which belongs to Tier 3 method of the 2006 IPCC Guidelines; N_2O emissions from agricultural soils were calculated using the domestic IAP-N model which belongs to Tier 2 method of the 2006 IPCC Guidelines; other sources were calculated by Tier 1 method, as shown in Table 1-1.

1.5 Land Use, Land-Use Change and Forestry

Land Use, Land-Use Change, and Forestry (LULUCF) in NGI 2018 covers GHG emissions and carbon sinks from 6 land-use types including forest land, cropland, grassland, wetlands, settlements and other land. For each type of unchanged land by category and land converted to other land-use categories, carbon stock change and non-CO_2 GHG emissions resulting from fires were calculated based on the estimation of 5 carbon pools: aboveground biomass, belowground biomass, litter, dead wood and soil organic matter. Tier 3 method was used for the calculation of the changes of reserves of soil organic carbon. The changes of reserves of forestry products were estimated by the "Production Accounting Approach". The "Stock Change Approach" and Tier 2 method in GPG-LULUCF were used to estimate changes of reserves of aboveground biomass, belowground biomass, litter and dead wood as well as soil organic matters in other carbon pools. Wetland CH_4 emissions were estimated by Tier 2 method. Emissions from forest and grassland fires were calculated by Tier 1 method.

1.6 Waste

Waste in NGI 2018 covers GHG emissions from landfill disposal, biological treatment, wastewater treatment and incineration of hazardous waste, medical waste and sludge. Municipal waste incineration was reported under the Energy as the activity produces energy. Emissions from solid waste landfills were calculated using the first order decay (FOD) method (Tier 2). Emissions from incineration, biological treatment and wastewater treatment were calculated by the recommended methods of the 2006 IPCC Guidelines; while CH_4 emissions from urban wastewater treatment adopted a simplified approach, as shown in Table 1-1.

Chapter 2 Data Sources

2.1 Energy

The activity data on fossil fuel combustion in NGI 2018 were mainly from the National Bureau of Statistics (NBS) and other relevant departments. Consumption of coal, oil and natural gas in 2018 were 2,784 Mtce, 892 Mtce and 359 Mtce, as shown in Table 1-2.

Table 1-2 Major Activity Data on Energy in 2018

	Activity Data		Activity Data
Coal consumption (Mtce)	2,784	Underground coal mining volume (Mt)	3,113
Oil consumption (Mtce)	892	Natural gas production (Bcm)	160.159
Natural gas consumption (Mtce)	359	Oil production (Mt)	189

The activity data of fugitive emissions from coal mining were mainly from the China Energy Statistical Yearbook 2019 and the Research Report on the Development of Global Coal Industry 2020. The activity data of fugitive emissions from oil and gas systems were mainly sourced from the NBS and underlying data reported by China's leading oil and gas groups, etc.

The carbon content per unit calorific value and carbon oxidation rate of coal combustion in the electricity industry were based on the measured data of power companies in the national carbon market. The carbon content per unit calorific value of natural gas and liquefied natural gas was based on the measured data of major oil and gas fields and imported natural gas and liquefied natural gas. The national average level of emission factors of CH_4 from underground coal mining and post-mining activities were based on the national coal mine gas classification information while other emission factors were the same as those in the NGI 2014 or the defaulted value in the 2006 IPCC Guidelines.

2.2 Industrial Processes

The data on production of cement clinker in China in 2018 was quoted from statistical materials released by the NBS. The data on production of synthetic ammonia, nitric acid, iron and steel, aluminum, magnesium, lead and zinc were mainly from the China Industry Statistical Yearbook. The data on production of methanol and ethylene was from the China Chemical Industry Yearbook. The data on production of calcium carbide and lime was from the statistics of China Carbide Industry Association and China Lime Association respectively. The data on production of soda ash and adipic acid came from typical surveys of relevant companies. Activity data of major industry processes is shown in Table 1-3. The emission factors for the production of cement clinker, synthetic ammonia, adipic acid, calcium carbide, methanol, ethylene, fluorochemicals and iron and steel were country-specific data obtained through typical enterprise surveys. The emission factors for the smelting of aluminium, magnesium and lead are the same as those in the NGI 2014, other sources were the defaulted factors from the 2006 IPCC Guidelines.

Table 1-3 Activity Data of Major Industrial Processes in 2018

	Activity Data		Activity Data
Cement clinker production (Mt)	1,420	Methanol production (Mt)	55.76
Crude steel production (Mt)	929.04	Electrolytic aluminum production (Mt)	36.83
Ammonia production (Mt)	45.87	HCFC-22 production (kt)	683

2.3 Agriculture

Activity data of Agriculture in 2018 were mainly from the China Statistical Yearbook 2019, the China Rural Statistical Yearbook, the China Animal Husbandry and Veterinary Science Yearbook 2019, the Agricultural Information Institute of CAAS, the 2019 statistical data of relevant provinces (autonomous regions, municipalities directly under the central government) and the third agricultural census results. The main activity data are shown in Table 1-4. Country specific CH_4 emission factors for enteric fermentation by dairy cattle, beef cattle, buffalo, sheep and goats, for manure management of swine, beef cattle, dairy cattle, goats and sheep in 2018 were used. The 2018 CH_4 emission factors for rice paddy soil (growing season and fallow season in winter) were estimated using modeling. The 2018 N_2O direct emission factors were generated from multi-year field monitoring data for different agricultural land types in different regions, compiling emission factors by agricultural land type (including non-vegetable dryland, paddy fields with different crop rotations, vegetable fields, orchards and tea gardens, etc.). Other emission factors were the defaulted values of the 2006 IPCC Guidelines.

Table 1-4 Major Activity Data of Agriculture in 2018

	Activity Data		Activity Data
Cattle stock (million)	89.153	Area sown in food crops (Mha)	117.038
Pig stock (million)	428.174	Total rice cultivation (Mha)	30.189
Poultry stock (million)	6,037.387	Nitrogen fertilizer consumption (Mt nitrogen)	20.654
Sheep and goat stock (million)	297.127	Compound fertilizer net consumption (Mt)	22.688
Total cropped area (Mha)	165.902		

2.4 Land Use, Land-Use Changes and Forestry

In the preparation of LULUCF inventory of 2018, the data from the sixth to ninth continuous forest resources inventories and the 2021 nationwide comprehensive ecology monitoring of forest and grassland were used. For provinces (autonomous regions, municipalities directly under the central government), interpolation or aggregation methods according to the actual inventories were used to calculate national activity data in 2018, as shown in Table 1-5. The emission factors of forest land inventory and agricultural soil carbon adopted the country-specific data in the current year.

Table 1-5 Major Activity Data of LULUCF in 2018

	Activity Data		Activity Data
High forest area (Mha)	187.102	Agricultural land area (Mha)	128.614
Bamboo forest area (Mha)	6.653	Grassland area (Mha)	265.946
Shrub land area (Mha)	57.029	Wetlands area (Mha)	54.067
Other forest area (Mha)	21.296	Settlements area (Mha)	44.840

2.5 Waste

The activity data of Waste in 2018 was from the China Urban Construction Statistical Yearbook 2018 and the China Environment Statistical Yearbook 2019. Main activity data of Waste is shown in Table 1-6. Emission factors of landfill, incineration and wastewater treatment were country-specific data. Other emission factors referred to the defaulted values of the 2006 IPCC Guidelines.

Table 1-6 Major Activity Data of Waste in 2018

	Activity Data
Municipal solid waste (MSW) landfill (Mt)	117.060,2
MSW incineration (Mt)	101.849,2
MSW compost (Mt)	6.744,2
COD discharged from wastewater (Mt)	5.549,1

Chapter 3 National GHG Inventory in 2018

3.1 Overview

In 2018, China's total GHG emissions (with LULUCF) were approximately 11,779 million ton of carbon dioxide equivalent (Mt CO_2 eq) (Table 1-7), of which CO_2, CH_4, N_2O, HFCs, PFCs and SF_6 accounted for 81.1%, 11.4%, 5.0%, 1.6%, 0.2% and 0.6% respectively (Table 1-8). The GHG sink from LULUCF was 1,257 Mt CO_2 eq, and total GHG emissions were 13,035 Mt CO_2 eq (without LULUCF). The 100-year time-horizon global warming potential (GWP) values were from IPCC SAR (Table 1-9). The detailed information about China's greenhouse gas inventory in 2018 is shown in Table 1-10 and Table 1-11.

Table 1-7 GHG Emissions and Removals of China in 2018

Unit: Mt CO_2 eq

	CO_2	CH_4	N_2O	HFCs	PFCs	SF_6	Total
Energy	9,426	602	127				10,155
Industrial processes	1,466	0	137	189	22	73	1,887
Agriculture		501	292				793
LULUCF	−1,340	84	0				−1,257
Waste	3	160	37				200
Total (without LULUCF)	10,896	1,263	593	189	22	73	13,035
Total (with LULUCF)	9,555	1,346	594	189	22	73	11,779

Notes: 1. Shaded cells do not require entries;

2. 0 indicates that the value is less than 0.5 Mt CO_2 eq;

3. Due to rounding, the aggregation of various items may be slightly different from the total.

Table 1-8 China's GHG Inventory by Gas in 2018

GHGs	With LULUCF		Without LULUCF	
	Emission/ Sink (Mt CO_2 eq)	Proportion (%)	Emission/ Sink (Mt CO_2 eq)	Proportion (%)
CO_2	9,555	81.1	10,896	83.6
CH_4	1,346	11.4	1,263	9.7
N_2O	594	5.0	593	4.6
Fluorinated gas	284	2.4	284	2.2
Total	11,779	100.0	13,035	100.0

Note: Due to rounding, the aggregation of various items may be slightly different from the total.

Table 1-9 GWP Values Used in the Inventory

GHGs	GWP	GHGs	GWP
CO_2	1	HFC-152a	140
CH_4	21	HFC-227en	2,900
N_2O	310	HFC-236fa	6,300
HFC-23 (CHF_3)	11,700	HFC-245fa	1,030
HFC-32	650	HFC-365mfc	794
HFC-125	2,800	PFC-14 (CF_4)	6,500
HFC-134a	1,300	PFC-116 (C_2F_6)	9,200
HFC-143a	3,800	SF_6	23,900

Note: The 100-year time-horizon GWP values of HFC-245fa and HFC-365mfc are from the IPCC AR4.

Energy is the main source of GHG emissions in China. In 2018, emissions from the Energy accounted for 77.9% of the national total emissions (without LULUCF). GHG emissions of Industrial Processes, Agriculture and Waste accounted for 14.5%, 6.1% and 1.5% respectively, as shown in Figure 1-1.

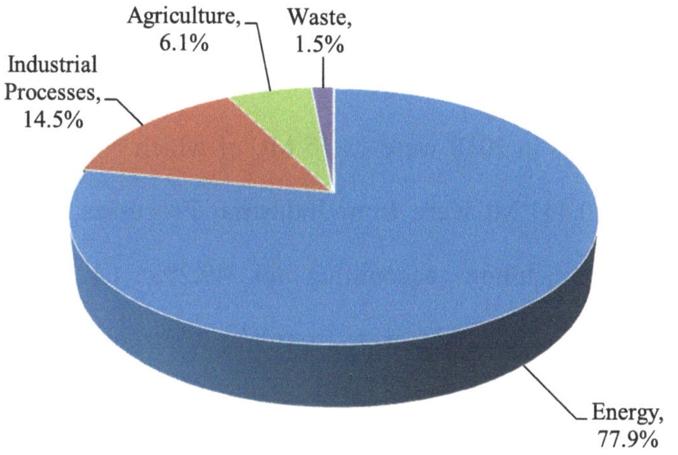

Figure 1-1 GHG emissions of China by sector in 2018 (without LULUCF)

3.1.1 Carbon Dioxide

China's CO_2 emissions in 2018 (with LULUCF) were 9,555 Mt. In 2018, China's CO_2 emissions (without LULUCF) were 10,896 Mt, of which 9,426 Mt were from Energy, accounting for 86.5%; 1,466 Mt were from Industrial Processes, accounting for 13.5%; as shown in Table 1-7. LULUCF, mainly carbon sinks, removed 1,340 Mt CO_2. In 2018, international aviation emitted 47 Mt CO_2, international navigation emitted 33 Mt CO_2, biomass combustion emitted 317 Mt CO_2, which were all reported as memo items, not included in the national total, as shown in Table 1-10.

3.1.2 Methane

China's CH_4 emissions in 2018 were 64.113 Mt, of which 28.658 Mt were from Energy, accounting for 44.7%; 5 kt were from Industrial Processes; 23.846 Mt were from Agriculture, accounting for 37.2%; 3.981 Mt were from LULUCF, accounting for 6.2%; 7.622 Mt were from Waste, accounting for 11.9%.

3.1.3 Nitrous Oxide

China's N_2O emissions in 2018 were 1.915 Mt, of which 0.411 Mt were from Energy, accounting for 21.5%; 0.441 Mt were from Industrial Processes, accounting for 23.0%; 0.943 Mt were from Agriculture, accounting for 49.2%; 1 kt were from LULUCF, accounting for less than 0.1%; 0.119 Mt were from Waste, accounting for 6.2%.

3.1.4 Fluorinated Gas

In 2018, total emissions of fluorinated gases including HFCs, PFCs and SF_6 were about 284 Mt CO_2 eq, all from Industrial Processes. Among them, emissions from metal production were 20 Mt CO_2 eq, accounting for 7.0%; emissions from chemical production were 30 Mt CO_2 eq, accounting for 10.6%; emissions from consumption of halocarbons and SF_6 were 234 Mt CO_2 eq, accounting for 82.4%, as shown in Table 1-11.

3.2 Energy

In 2018, China's total GHG emissions from Energy were 10,155 Mt CO_2 eq. Among them, emissions from fuel combustion were 9,588 Mt CO_2 eq, accounting for 94.4%; fugitive emissions were 567 Mt CO_2 eq, accounting for 5.6%.

In terms of gas composition, CO_2 emissions were 9,426 Mt, all of which were from fuel combustion. CH_4 emissions were 28.658 Mt, of which 5.8% were from fuel combustion, and 94.2% were from fugitive emissions; and N_2O emissions were 0.411 Mt, all from fuel combustion. Meanwhile, CO_2 emissions from fossil fuel combustion had been estimated by the Reference Approach for verification; the difference between the results of Sectoral and Reference approaches is lower than 5%.

Table 1-10 China's CO_2, CH_4 and N_2O Emissions and Removals in 2018

Unit: kt

Source and sink categories	CO_2	CH_4	N_2O
Total (without LULUCF)	10,895,866	60,132	1,914
Total (with LULUCF)	9,555,394	64,113	1,915
1. Energy	9,426,194	28,658	411
– Fuel combustion	9,426,194	1,658	411
♦Energy industries	4,403,326	102	291
♦Manufacturing industries and construction	3,344,336	292	75
♦Transport	982,028	129	23
♦Other sectors	696,505	1,135	22
– Fugitive emissions		27,001	
♦Solid fuels		25,122	
♦Oil and natural gas		1,879	
2. Industrial Processes	1,466,252	5	441
– Mineral industry	991,360		
– Chemical industry	290,576		441
– Metal industry	181,670	5	NO
– Non-energy products from fuels and solvent use	2,645		
– Consumption of halocarbons and SF_6			
3. Agriculture		23,846	943
– Enteric fermentation		10,841	
– Manure management		3,461	217
– Rice cultivation		9,329	
– Agricultural soils			720
– Field burning of agricultural residues		216	6
4. LULUCF	–1,340,473	3,981	1
– Forest land	–965,792	1	0
– Cropland	–78,100	IE	IE
– Grassland	–101,752	1	1
– Wetlands	–86,417	3,980	NE
– Settlements	–918		

Source and sink categories	CO_2	CH_4	N_2O
– Other land	1,095		
– Harvested wood products	−108,590		
5. Waste	3,420	7,622	119
– Landfill		4,686	
– Biological treatment		27	2
– Wastewater treatment		2,908	113
– Incineration	3,420	1	4
6. Memo items			
– International aviation	46,834	0	1
– International navigation	33,298	3	1
– CO_2 emissions from biomass	316,584		

Notes: 1. Shaded cells do not require entries;

2. 0 indicates that the value is less than 0.5 kt;

3. IE (included elsewhere) stands for sources which have been calculated and reported under other sub-categories, NE (not estimated) stands for emissions by sourses and removals by sinks which have not been estimated, NO (not occurred) stands for sources or sinks which do not exist;

4. Due to rounding, the aggregation of various items may have slight differences with the total;

5. Memo Items are not counted in the total emissions.

3.3 Industrial Processes

The total GHG emissions from China's Industrial Processes in 2018 were 1,887 Mt CO_2 eq, of which 991 Mt were from mineral industry, accounting for 52.5%; 457 Mt were from chemical industry, accounting for 24.2%; 202 Mt were from metal industry, accounting for 10.7%; 3 Mt were from non-energy products from fuels and solvent use, accounting for 0.1%; 234 Mt were from consumption of halocarbons and SF_6, accounting for 12.4%.

In terms of gas composition, CO_2 emissions were 1,466 Mt, of which 67.6% were from mineral industry, 19.8% from chemical industry, and 12.4% from metal industry, 0.2% from non-energy products from fuels and solvent use; CH_4 emissions were 5 kt, all from metal industry; N_2O emissions were 441 kt, all from chemical industry; HFCs emissions were 189 Mt CO_2 eq, of which 84.8% were from consumption of halocarbons and SF_6, and 15.2% from chemical industry; PFCs emissions were 22 Mt CO_2 eq, of which 90.3% were from metal industry, 9.3% from consumption of halocarbons and SF_6 and 0.4% were from chemical industry; SF_6 emissions were 73 Mt CO_2 eq, of which 98.2% were from consumption of halocarbons and SF_6, 1.8% from chemical industry.

Table 1-11 China's Total Emissions of Fluorinated Gases in 2018

Unit: kt

Sources	HFCs										PFCs		SF_6
	HFC-23	HFC-32	HFC-125	HFC-134a	HFC-143a	HFC-152a	HFC-227ea	HFC-236fa	HFC-245fa	HFC-365mfc	CF_4	C_2F_6	
Total emissions	2.0	30.4	25.8	44.6	2.3	0.7	1.8	0.1	0.4	0.0	2.9	0.3	3.0
1. Energy													
2. Industrial Processes	2.0	30.4	25.8	44.6	2.3	0.7	1.8	0.1	0.4	0.0	2.9	0.3	3.0
– Mineral industry													
– Chemical industry	2.0	1.0	0.8	0.9	0.1	0.2	0.1	0.0	0.1		0.0	0.0	0.1
– Metal industry											2.6	0.3	NO
– Non-energy products from fuels and solvent use													
– Consumption of halocarbons and SF_6	0.0	29.4	25.0	43.7	2.2	0.5	1.7	0.1	0.3	0.0	0.3	0.0	3.0
3. Agriculture													
4. LULUCF													
5. Waste													

Notes: 1. Shaded cells do not require entries;

2. 0.0 indicates that the value is less than 0.5 kt;

3. NO (not occurred) stands for sources or sinks which do not exist;

4. Due to rounding, the aggregation of various items may have slight differences with the total.

3.4 Agriculture

In 2018, China's GHG emissions from Agriculture were around 793 Mt CO_2 eq, of which the emissions from enteric fermentation were 228 Mt CO_2 eq, accounting for 28.7%; the emissions from manure management were 140 Mt CO_2 eq, accounting for 17.7%; the emissions from rice cultivation were 196 Mt CO_2 eq, accounting for 24.7%; the emissions from agricultural soils were 223 Mt CO_2 eq, accounting for 28.1%; and the emissions from field burning of agricultural residues were 6 Mt CO_2 eq, accounting for 0.8%.

Regarding the composition of gases, CH_4 emissions were 23.846 Mt, of which 45.5% were from enteric fermentation, 14.5% were from manure management, 39.1% were from rice cultivation, 0.9% were from field burning of agricultural residues. N_2O emissions were 0.943 Mt, of which manure management accounted for 23.0%, agricultural soils emissions for 76.4%, field burning of agricultural residues for 0.6%.

3.5 LULUCF

In 2018, China's LULUCF absorbed 1,340 Mt CO_2, emitted 3.981 Mt CH_4 and 1 kt N_2O, and the net removal of GHG amounted to 1,257 Mt CO_2 eq. Forest land, cropland, grassland, wetlands, settlements and harvested wood products absorbed 966 Mt CO_2 eq, 78 Mt CO_2 eq, 102 Mt CO_2 eq, 3 Mt CO_2 eq, 1 Mt CO_2 eq and 109 Mt CO_2 eq respectively. Other land emitted 1 Mt CO_2.

3.6 Waste

In 2018, the total GHG emissions from Waste were 200 Mt CO_2 eq, of which 98 Mt CO_2 eq were from landfill, accounting for 49.1%; 96 Mt CO_2 eq were from wastewater treatment, accounting for 48%; 5 Mt CO_2 eq were from incineration, accounting for 2.3%; 1 Mt CO_2 eq were from biological treatment, accounting for 0.6%. Besides the aforementioned, municipal waste incineration generated emissions of 31 Mt CO_2 eq which were included under the Energy.

Regarding the composition of gases, CH_4 emissions were 7.622 Mt, accounting for 79.9%, of which 61.5% were from landfill, 38.2% were from wastewater treatment, 0.4% were from biological treatment, less than 0.1% were from incineration; N_2O emissions were 0.119 Mt, accounting for 18.4%, of which 95.0% were from wastewater treatment, 3.3% were from incineration, 1.7% were from biological treatment.

Chapter 4 National GHG Inventory in 2005

4.1 Recalculation of NGI 2005

In response to updated estimation methods, expanded scope of calculation and necessary updates of underlying data, we have re-calculated the NGI 2005 using the same reporting methods of NGI 2018.

The recalculated NGI 2005 further segmentized the manufacturing and construction industries, with the number of emission sources increased from 10 to 13. Except for charcoal, other types of biomass combustion were reported under the public electricity and heat production sector and the residential sector. With regard to waste treatment, CH_4 and N_2O emissions from municipal solid waste (MSW) incineration and CO_2 emissions from fossil sources are reported under Energy, and biogenic CO_2 emissions are reported as a memo item. Non-energy emissions were all reported under Industrial Processes.

The metal industry sector of the recalculated 2005 Industrial Processes inventory no longer included CO_2 emission from converter steelmaking, which is already reported in the Energy; N_2O emissions from caprolactam production and CO_2 emissions from titanium dioxide, methanol and ethylene were included under chemistry industry; emissions from lubricant and paraffin waxes of non-energy products from fuels and solvent use were shifted from Energy to Industrial Processes; emissions from production of halocarbons and SF_6 were placed under fluorochemical production of the chemical industry section.

The recalculated 2005 Agriculture inventory newly included indirect N_2O emissions from animal manure management and pasture while indirect N_2O emissions from nitrogen volatilization of livestock excreta were included under manure management.

Adopting the 2006 IPCC Guidelines, GPG-LULUCF and the 2013 Supplement to the 2006 IPCC Guidelines for National Greenhouse Gas Inventories: Wetlands, the recalculated 2005 LULUCF inventory expanded scope of the report and newly included non-CO_2 emissions from forest land and grassland fires.

The recalculated 2005 Waste inventory only reported CO_2, CH_4 and N_2O emissions from incineration of hazardous waste and medical wastes, as well as CH_4 and N_2O emissions from sludge incineration.

4.2 Recalculated GHG emissions in 2005

4.2.1 Overview

In 2005, total GHG emissions in China (with LULUCF) were about 7,211 Mt CO_2 eq (Table 1-12), of which CO_2, CH_4, N_2O and fluorinated gases accounted for 76.9%, 15.1%, 6.3% and 1.7% respectively. Net removal of LULUCF was 770 Mt CO_2 eq. China's total GHG emissions (without LULUCF) in 2005 were around 7,981 Mt CO_2 eq, of which CO_2, CH_4, N_2O and fluorinated gases accounted for 80.3%, 12.5%, 5.6% and 1.6% respectively.

4.2.2 CO_2 Emissions

Energy and Industrial Processes were the main sources of CO_2 emissions in China. In 2005, total CO_2 emissions in China (without LULUCF) were about 6,407 Mt CO_2, of which emissions from Energy were 5,701 Mt CO_2, accounting for 89.0%; emissions from Industrial Processes were 706 Mt CO_2, accounting for 11.0%; emissions from waste incineration were 1 Mt CO_2, of extremely small percentage. Net removal of LULUCF was 862 Mt CO_2. In 2005, total CO_2 emissions in China (with LULUCF) were about 5,546 Mt CO_2.

Table 1-12 China's Total GHG in 2005

Unit: Mt CO_2 eq

	CO_2	CH_4	N_2O	HFCs	PFCs	SF_6	Total
Energy	5,701	469	82				6,252
Industrial Processes	706	NE	34	114	4	7	865
Agriculture		450	304				755
LULUCF	−862	88	4				−770
Waste	1	81	29				110
Total (without LULUCF)	6,407	1,000	449	114	4	7	7,981
Total (with LULUCF)	5,546	1,088	453	114	4	7	7,211

Notes: 1. Shaded cells do not require entries;

2. NE (not estimated) stands for emissions by sourses and removals by sinks which have not been estimated;

3. Due to rounding, the aggregation of various items may have slight differences with the total;

4. The Table shows recalculated NGI information.

4.2.3 CH_4 Emissions

CH_4 emissions in China mainly originated from Energy and Agricultural. In 2005, total CH_4 emissions in China were about 51.823 Mt, equivalent to 1,088 Mt CO_2 eq, of which emissions from Energy accounted for 43.1%, Agriculture accounted for 41.4%, Waste accounted for 7.4%, and LULUCF accounted for 8.1%.

4.2.4 N_2O Emissions

N_2O emissions in China mainly originated from Agricultural and Energy. In 2005, total N_2O emissions in China were about 1.460 Mt, equivalent to 453 Mt CO_2 eq, of which emissions from Agriculture accounted for 67.2%, Energy accounted for 18.1%, Industrial Processes accounted for 7.4%, Waste accounted for 6.4%, and LULUCF accounted for 0.8%.

4.2.5 Emissions of Fluorinated Gases

In 2005, emissions of fluorinated gases in China came from Industrial Processes, and the total emissions were about 125 Mt CO_2 eq.

Chapter 5 Quality Assurance and Quality Control

5.1 Efforts to Reduce Uncertainties

In preparing NGI 2018 and recalculating NGI 2005, to improve the quality of inventory and reduce uncertainties, the inventory team paid much attention to quality assurance and quality control.

In terms of methods, the team carried out key category analysis, the results of which were used to choose approaches in the preparation of NGI 2018. Emissions from key categories were estimated using as many higher-tier methods and country-specific emission factors as possible, thus improving the accuracy of the inventory.

Regarding the activity data, the NBS established a sector statistical reporting system for addressing climate change, which increased the types of energy statistics in a detailed way to gradually incorporate the activity data required by the preparation of GHG Inventory into the government statistical system. The inventory team also conducted verification using facility-level data from China's national carbon market.

In terms of emission factors, the inventory team and other relevant departments conducted research on carbon content per unit calorific value and carbon oxidation rate of coal combustion in coal-firing power plants, and typical surveys on animal production characteristics and manure management by main livestock and poultry and corresponding percentage to obtain country-specific emission factors and related domestic parameters. In preparing NGI 2018, the inventory team gave first priority to country-specific emission factors, and second priority to the defaulted values of the relevant IPCC guidelines.

Regarding inventory management, the inventory team emphasized the management of data files. Materials supporting the preparation were archived in a timely manner. Meanwhile, to ensure high-quality electronic management of inventory-related data, China has established a database system for the national and sector GHG inventories.

The inventory team organized a number of technical seminars for academic exchanges and discussions with other domestic research institutions and experts to fully learn from their research results. In addition, the leading department invited experts who were not involved in the preparation of the inventory to carry out independent analysis and review of the inventory's methodologies and results as a strong support to the quality assurance of the inventory result.

5.2 Uncertainty Analysis

Based on the uncertainty analysis of activity data and emission factors of Energy, Industrial Processes, Agriculture, LULUCF, and Waste, the overall uncertainties were calculated according to the error propagation approach in the 2006 IPCC Guidelines, the overall uncertainty of the NGI 2018 was from −4.9%~5.1%, as shown in Table 1-13.

Table 1-13 Results of Uncertainty Analysis of NGI 2018

	Emission/Sink (Mt CO_2 eq)	Uncertainties
Energy	10,155	−5.2%~5.5%
Industrial Processes	1,887	−3.8%~3.8%
Agriculture	793	−14.2%~14.2%
LULUCF	−1,257	−13.6%~13.6%
Waste	200	−23.0%~23.0%
Overall	−4.9%~5.1%	

Chapter 6 Information on Inventories in Previous Submissions

In the initial, second, and third national communications, and the first and second biennial update reports, China submitted its national GHG inventories of 1994, 2005, 2010, 2012 and 2014. The following is the summary of the information in previous inventories except for recalculated NGI 2005 that has been elaborated in Chapter 4. It should be noted that the inventories of 1994, 2010, 2012 and 2014 haven't been recalculated, so the methods and scope of the four inventories are different from those of 2005 and 2018.

6.1 National GHG Inventory in 1994

In 1994, China's total GHG emissions (with LUCF) were about 3,650 Mt CO_2 eq (Table 1-14), of which CO_2, CH_4 and N_2O accounted for 73.1%, 19.7%, and 7.2% respectively; the net removal of GHG in LUCF was about 407 Mt CO_2 eq. China's total GHG emissions (without LUCF) in 1994 were around 4,057 Mt CO_2 eq, of which CO_2, CH_4 and N_2O accounted for 75.8%, 17.7% and 6.5% respectively.

Table 1-14 GHG Inventory of China in 1994

Unit: Mt CO_2 eq

	CO_2	CH_4	N_2O	HFCs	PFCs	SF_6	Total
Energy	2,795	197	15				3,008
Industrial Processes	278	NE	5	NE	NE	NE	283
Agriculture		361	244				605
LUCF	–407	NE	NE				–407
Waste	NE	162	NE				162

	CO_2	CH_4	N_2O	HFCs	PFCs	SF_6	Total
Total (without LUCF)	3,073	720	264	NE	NE	NE	4,057
Total (with LUCF)	2,666	720	264	NE	NE	NE	3,650

Notes: 1. Shaded cells do not require entries;

2. NE (not estimated) stands for emissions by sourses and removals by sinks which have not been estimated;

3. Due to rounding, the aggregation of various items may have slight differences with the total.

6.2 National GHG Inventory in 2010

In 2010, total GHG emissions in China (with LULUCF) were about 9,551 Mt CO_2 eq (Table 1-15), of which CO_2, CH_4, N_2O and fluorinated gases accounted for 80.4%, 12.2%, 5.7% and 1.7% respectively. Net removal of LULUCF was 993 Mt CO_2 eq. China's total GHG emissions (without LULUCF) in 2010 were around 10,544 Mt CO_2 eq, of which CO_2, CH_2, N_2O and fluorinated gases accounted for 82.6%, 10.7%, 5.2% and 1.5% respectively.

Table 1-15 GHG Inventory of China in 2010

Unit: Mt CO_2 eq

	CO_2	CH_4	N_2O	HFCs	PFCs	SF_6	Total
Energy	7,624	564	96				8,283
Industrial Processes	1,075	0	62	132	10	21	1,301
Agriculture		471	358				828
LULUCF	−1,030	37	0				−993
Waste	8	92	31				132
Total (without LULUCF)	8,707	1,127	547	132	10	21	10,544
Total (with LULUCF)	7,678	1,163	547	132	10	21	9,551

Notes: 1. Shaded cells do not require entries;

2. 0 indicates that the value is less than 0.5 Mt CO_2 eq;

3. Due to rounding, the aggregation of various items may have slight differences with the total.

6.3 National GHG Inventory in 2012

In 2012, total GHG emissions in China (with LUCF) were about 11,320 Mt CO_2 eq (Table 1-16), of which CO_2, CH_4, N_2O and fluorinated gases accounted for 82.3%, 10.4%, 5.6% and 1.7% respectively. Net removal of LUCF was 576 Mt CO_2 eq. China's total GHG emissions (without LUCF) in 2012 were 11,896 Mt CO_2 eq, of which CO_2, CH_4, N_2O and fluorinated gases accounted for 83.1%, 9.9%, 5.4% and 1.6% respectively.

Table 1-16 GHG Inventory of China in 2012

Unit: Mt CO_2 eq

	CO_2	CH_4	N_2O	HFCs	PFCs	SF_6	Total
Energy	8,688	579	69				9,337
Industrial Processes	1,193	0	79	154	12	24	1,463
Agriculture		481	457				938
LUCF	–576	0	0				–576
Waste	12	114	33				158
Total (without LUCF)	9,893	1,174	638	154	12	24	11,896
Total (with LUCF)	9,317	1,174	638	154	12	24	11,320

Notes: 1. Shaded cells do not require entries;

2. 0 indicates that the value is less than 0.5 Mt CO_2 eq;

3. Due to rounding, the aggregation of various items may have slight differences with the total.

6.4 National GHG Inventory in 2014

In 2014, total GHG emissions in China (with LULUCF) were about 11,186 Mt CO_2 eq (Table 1-17), of which CO_2, CH_4, N_2O and fluorinated gases accounted for 81.6%, 10.4%, 5.4% and 2.6% respectively. Net removal of LULUCF was 1,115 Mt CO_2 eq. China's total GHG emissions (without LULUCF) in 2014 were 12,301 Mt CO_2 eq, of which CO_2, CH_4,

N_2O and fluorinated gases accounted for 83.5%, 9.1%, 5.0% and 2.4% respectively.

Table 1-17 GHG Inventory of China in 2014

Unit: Mt CO_2 eq

	CO_2	CH_4	N_2O	HFCs	PFCs	SF_6	Total
Energy	8,925	520	114				9,559
Industrial Processes	1,330	0	96	214	16	61	1,718
Agriculture		467	363				830
LULUCF	−1,151	36	0				−1,115
Waste	20	138	37				195
Total (without LULUCF)	10,275	1,125	610	214	16	61	12,301
Total (with LULUCF)	9,124	1,161	610	214	16	61	11,186

Notes: 1. Shaded cells do not require entries;

2. 0 indicates that the value is less than 0.5 Mt CO_2 eq;

3. Due to rounding, the aggregation of various items may have slight differences with the total.

The Chinese government attaches great importance to mitigation policies and actions. Since 2016, through releasing the Work Plan on Greenhouse Gas Emission Control for the 13th Five-Year Plan (hereinafter referred to as GHG Control in the 13th FYP) [2] and other related development schemes, the Chinese government has implemented a series of effective new measures and policies that promote GHG reduction. Meanwhile, China has achieved positive progress in terms of Monitoring, Reporting and Verification (hereinafter referred to as "MRV"), which works as the important groundwork for climate change control.

[2] The 13th FYP period refers to the years from 2016 to 2020.

Chapter 1 Key Mitigation Action Policies and Effects

Guided by the State's low-carbon development strategies and the "top-level design" philosophy, China has managed to significantly reduce CO_2 emission intensity, effectively control non-energy GHG and non-CO_2 GHG emissions, actively increase forest carbon sinks and as a result outperformed its 2020 GHG emission reduction target. Measures adopted in this regard include adjusting industrial structure, optimizing energy structure, promoting energy conservation and higher efficiency, enhancing carbon sink capacity of ecological systems, controlling non-CO_2 GHG emissions and pursuing synergistic effects of reducing pollution and carbon emissions. In 2020, China's carbon emissions per unit of GDP reduced by 48.4% compared to that of 2005, over-fulfilled China's pledge to the international society to reduce 40%~45% by 2020.

1.1 Industrial Structural Adjustments

Climate change brings challenges and new opportunities for the green and low-carbon transformation of China's industries. During the 13th FYP period, the Chinese government spared no efforts in promoting technological innovation and upgrading the countries' industrial structure. The government has implemented a series of pilot programs of comprehensive innovation and reform that support the research and development of core technologies, their subsequent application and integration, and the collaborative innovation of large, medium, and small enterprises. The government continues to advance the development of the real economy, upgrade the industrial base, modernize industrial chains, and keep the share of manufacturing in the economy basically stable. Focus is also placed on transforming and upgrading traditional industries, strengthening strategic emerging industries, and promoting the vigorous development of the service sector. Digitalization and the development of smart technologies have been sped up to create new strengths for the digital economy. Industrial digitalization and digital industrialization have been promoted in a collaborative manner. The Chinese government is committed to developing a digital society, digital government, and sound digital ecosystem as the country pursues the Digital China initiative. In 2020, the added value of the tertiary industry accounted for 54.5% of China's GDP, which was 16.7 percentage points higher than the added value of the secondary industry in 2020 and increased by 3.7 percentage points from that of 2015. Strategic emerging industries including energy conservation and environmental protection continue to be on a rapid growth track to become China's pillar industries. Added value of the high technology manufacturing industry has taken up a proportion of 15.1% to industries above designated size. During the 13th FYP period, China has effectively curbed the irrational expansion of energy-intensive projects and helped major energy-intensive industries such as steel, petrochemical and chemical production accelerate transformation and upgrading. As a result, the steel industry has eliminated more than 100 Mt outdated production capacity of low-quality steel[3], achieving its target to resolve excess steel production capacity of 150 Mt two years ahead of the end of the 13th FYP period.

It is estimated that China's CO_2 emission per unit of manufacturing value added (MVA) in 2020 declined by about 22% compared to that of 2015. The resource productivity in 2020 increased by about 26% compared to that of 2015. In 2020, about 260 Mt of steel scrap, 54.9 Mt of waste paper and about 14.5 Mt of non-ferrous scrap were recycled.

---

[3] Low-quality steel refers to steel made from scrap metal, such as scrap iron and steel, and melted by induction furnaces. The composition and quality of low-quality steel cannot be effectively controlled during production. It also refers to rolled steel that is shaped from low-quality steel.

1.2 Energy Structure Optimization

The energy activity is the main source of China's GHG emissions. China has adopted a new energy security strategy that features four domestic reforms, i.e., energy consumption, energy supply, technology and energy system reforms, and comprehensive international cooperation. China is stepping up its efforts to improve the energy structure to build a clean, low-carbon, safe and efficient energy system. Giving priority to non-fossil energy, the Chinese government has implemented a full range of measures to enhance the usage of renewable energy. Not only does it promote green hydropower, wind power and solar energy, the Chinese government also develops safe and structured nuclear power, as well as biomass, geothermal and ocean energy in accordance with local conditions. In terms of the coal industry, the Chinese government actively encourages supply-side structural reform that features phasing out of excessive capacity and the transformation to safe, intelligent, green, clean and efficient coal-mining. China supports clean, efficient and high-quality development of coal-fired plants. In terms of final energy consumption, China reduces and finds substitutes for coal consumption, takes comprehensive measures to control the use of bulk coal and encourages the replacement of coal and oil with electricity. All these measures aim to intensify the institutional reform and improve the allocation of resources in the energy sector.

By the end of 2020, China's total installed capacity of renewable energy reached 930 million kW, of which the cumulative installed capacities of hydropower, wind power, and solar photovoltaic (PV) power recorded 370 million kW, 280 million kW, 250 million kW, and 2.952 million kW respectively, each ranking top in the world for 16, 11, 6 and 3 consecutive years. About 40% of China's installed capacity and about 30% of the power generation fall under renewable energy.

Since 2010, China has recorded a cumulative investment of 818 billion USD in power generation from new energy sources, accounting for about 30% of the global investment over the same period.

Through its complete industrial chains of wind power and PV power generating equipment, China has been actively supporting global GHG reduction. Chinese PV products have been exported to more than 200 countries and regions. In 2019, about 67% of the world's polycrystalline silicon, 79% of PV cells and 71% of PV modules were produced in China.

In 2020, the proportion of non-fossil energy consumption increased to 15.9% of the total energy consumption in China, helping to reduce emission equivalent to about 420 Mt of CO_2. The consumption of natural gas increased from 5.9% in 2015 to 8.4% in 2020, achieving emission reduction equivalent to about 75 Mt of CO_2.

1.3 Energy Conservation and Higher Efficiency

A dual control system of total energy consumption and energy intensity is in place. China sets the targets of total energy consumption and energy intensity for different provinces, autonomous regions and municipalities directly under the central government and applies oversight and checks over the performance of local governments at all levels. It breaks down the dual control targets of total energy consumption and energy intensity for key energy consumers, and evaluates their performance accordingly to strengthen energy-saving management. The government continues to improve energy-saving and incentives. Corporate income tax and value-added tax incentives are awarded to energy-saving businesses. China encourages the import of energy-saving technologies and equipment and actively conducts international trade of green and low-carbon products featuring high quality, high technology and high added value. The thermal power industry continues to carry out ultra-low emission and energy-saving upgrades. By the end of 2020, about 950 million kW of coal-fired capacity achieved ultra-low emissions, more than

800 million kW capacity completed energy-saving upgrades. As a result, the national average coal consumption per kW·h by coal-fired power plants was reduced to 305.8 grams of coal equivalent (gce). As China improves the green financial system, it has been making use of energy efficiency credits and green bonds to support energy conservation projects. It is exploring new ground in pricing to advance green development. Pricing methods such as differential pricing, time-of-use pricing, and tiered pricing for electricity and natural gas have been adopted. It adopts environment-friendly electricity pricing to arouse the enthusiasm of market entities and the public in energy conservation. Examples include trials of paid use of and trading in energy-using rights in four provinces and cities including Zhejiang Province, and carbon emissions trading in seven provinces and cities including Beijing.

In terms of industrial energy conservation, China has implemented monitoring, law enforcement and diagnostic mechanisms and carried out energy efficiency benchmarking to meet energy labeling requirements. Energy efficiency leaders have been selected from 12 key industries including steel and electrolytic aluminum production. In strengthening the management of demand-side power use, China selected 153 model enterprises to demonstrate the potential of integrated energy service providers and facilitate the integration of modern energy services and manufacturing. In improving the national energy-saving standards system, China has carried out 100 projects to upgrade energy efficiency standards, enacted more than 340 national energy-saving standards, including almost 200 mandatory standards, covering most high energy-consuming industries and final energy consumption products.

In terms of building energy conservation, China continues to raise the energy-saving standards of new buildings, expand the energy-saving renovation of existing buildings, and improve the structure of energy consumption in construction. While ensuring all new buildings are in compliance with the national energy saving standards, China also promotes pilot projects of ultra-low energy consumption and near-zero energy consumption buildings, renovates existing buildings, enhances energy efficiency of public buildings and encourages the application of renewable energy in buildings. By the end of 2019, about 19.8 billion m^2 of energy-saving building has been completed.

China is developing a highly efficient and comprehensive transport system with lower energy consumption, promoting the use of clean energy in transport, and enhancing energy efficiency of vehicles and transportation means for better energy-saving effect. It is actively improving its public transportation system with various facilitation measures for the development of multi-modal transport, railway electrification, liquid natural gas (LNG)-fueled vehicles and ships, energy-efficient and new-energy vehicles, electric vehicle charging and hydrogen refueling infrastructure, shore power supply for ships and aircrafts, as well as compelled natural gas (CNG) and LNG dispensers. China is working to eliminate outdated and energy-intensive vehicles and ships. The number of new energy vehicles is rising rapidly. In 2019 the total number of new energy vehicles reached 3.8 million, with 1.2 million new energy vehicles going on road that year. Both of these figures represent more than half of the global total. As of the end of 2019, there were 1.2 million electric-vehicle charging stations nationwide, constituting the largest charging network in the world, and effectively improving energy efficiency and optimizing energy consumption in the transport sector.

In order to reduce carbon emissions in the transport sector, China is pushing for bike-sharing schemes as a means for daily or short-distance trips as well as new-energy vehicles including electric vehicles and hydrogen vehicles.

With the support of central and local government finance, China's energy-saving and consumption-reduction actions have achieved positive results, saving more than 750 Mt standard coal in 2020, equivalent to a reduction of about 1.61 billion tons of CO_2 emissions.

1.4 Enhancing Carbon Sink Capacity of Ecological Systems

China has persisted with a systematic approach to conserving and improving mountain, water, forest, farmland, grassland, and desert ecosystems. It continues to launch large-scale land greening programs and spares no effort in implementing key projects such as the northwest-north-northeast China networks of shelterbelts, the forest shelterbelt programs along the Yangtze River, natural forest resources conservation, protection of black soil in Northeast China, construction of high-quality croplands, protection and restoration of wetlands, programs returning marginal farmland to forests and grasslands, the program for ecological restoration of grasslands, Beijing-Tianjin Sandstorm Source Control Project and comprehensive control of desertification, rocky desertification, and soil erosion. China is steadily implementing urban and rural greening programs, carry out forest tending programs to enhance the quality of targeted forests, actively developing biomass energy, intensifying the protection and growth of forest and grassland resources, securing and improving carbon sink capacity of forests, grasslands, wetlands, farmlands, marine and other ecological systems. China has set up a protected area (PA) system with national parks as the mainstay. Having established its first batch of five national parks, China is integrating and advancing the PA system on the national level. China has integrated different plans into a single master plan for territorial space development. A comprehensive system of technological standards is being set up and shaped up. The national territorial space development strategy is being applied at all levels to realize an ecology-oriented, green and low-carbon, secure and resilient development and protection of territorial space. China has brought functional areas of vital importance, exceedingly fragile areas, and areas of potentially vital eco-environmental value within the scope of the ecological conservation redline framework. The framework has also been integrated into the overall master plan for territorial space planning to secure the carbon sink effect of important ecological space. China has implemented and improved a national scheme for ecological conservation and restoration, and enacted a series of plans including the Master Plan on Major Projects for the Conservation and Restoration of National Key Ecosystems (2021-2035). Major ecological conservation and restoration projects are designated in 7 key areas including the Qinghai-Xizang Plateau, the Yellow River and the Yangtze River Basin, with 25 pilot projects for systematic management of mountains, rivers, forests, farmlands, lakes, grasslands, and sandy areas. Examples of major projects include the Blue Bay environment improvement initiative, the coastal belts protection and restoration program, the comprehensive management of the Bohai Sea water environment, and the conservation and restoration of mangrove forests; ecological restoration of abandoned mines in key areas including the main stream and principal tributaries of the Yangtze River, outskirts of Beijing, Tianjin, key cities in Hebei Province, the Fenwei Plain, the Yellow River Basin and the Qinghai-Xizang Plateau. The Chinese government has issued a series of policies to encourage and guide private capital investment in ecological conservation and restoration with an aim to establish a market-oriented and diversified investment scheme. During the 9th national forest inventory (2014-2018), China achieved growth in both forest coverage ratio (22.96%) and forest stock volume (17.56 billion cubic meters).

1.5 Control of Non-CO_2 GHG Emissions

Attaching great importance to control of non-CO_2 GHG emissions, China has released specific plans and schemes to control non-CO_2 GHG emissions, as contained in the National Plan on Climate Change (2014-2020) and other GHG control plans. During the 13th FYP period, the Chinese government has provided central budgetary investments and financial subsidies to companies that destroyed HFC-23; a total of 70,727 tons of HFC-23 had been destroyed, equivalent to 828 Mt CO_2 eq. In 2020, the ratio of HFC-23 treatment was increased to 95.5% from that of 55% in 2015.

China has officially ratified the Kigali Amendment to the Montreal Protocol on Substances that Deplete the Ozone Layer (hereinafter referred to as the Kigali Amendment) (not applied to Hong Kong for the time being). In compliance with the requirement of the Kigali Amendment, relevant Chinese authorities have released the List of Controlled Ozone Depleting Substances and the List of Ozone Depleting Substances subject to Import and Export Control (hereinafter referred to as the List). Following the implementation of the List, HFCs are now under control and subject to the import and export licensing system. Stringent regulations including the Notice on Control of HFC-23 Emissions as a Byproduct, the Notice on Strict Control of the First Batch of HFC Chemical Production and Construction Projects have been promulgated to intensify the control of HFC emissions including HFC-23 and strictly control relevant chemical production projects with intensive environment management measures. In order to better recycle Coal-bed methane (coal mine gas) and control methane emissions in the oil and gas industry, the Chinese government encouraged major oil and gas companies to found the China Oil and Gas Methane Alliance. The government has also been promoting the incineration of municipal waste to cut CH_4 emissions in the waste treatment sector. The General Office of the State Council released the Opinions on Pushing Forward the Turning of Livestock and Poultry Breeding Waste into Resources for Use, organizing pilot projects in more than 500 counties with significant livestock and poultry production with an aim to control CH_4 and N_2O emissions while turning waste into resources.

1.6 Pursuing Synergistic Effects of Reducing Pollution and Carbon Emissions

GHGs including CO_2 and other ordinary pollutants are often homologous. Controlling the emissions of GHGs including CO_2 will not only drive and accelerate the green economy transition, but also ease the impact of climate change, reduce emissions of various pollutants and improve the environment. Taking a holistic approach in pollution prevention and control and climate governance, China has promoted overall planning, arrangement, advancement, and review of the coordinated effects of reducing pollution and carbon emissions. Balancing environmental, climate and economic gains, China has found a unique path to reducing GHG emissions that conforms to its actual conditions. China amended the Law on the Prevention and Control of Atmospheric Pollution of the People's Republic of China in 2015 and added specific provisions, which has provided a legal basis for the coordinated control of air pollutants and GHGs and reduction of pollution and carbon emissions. In 2018, China adjusted the functions of relevant government departments, and asked the newly established Ministry of Ecology and Environment (MEE) to lead the work of responding to climate change, thus reinforcing the coordination between addressing climate change and protecting the eco-environment. MEE has released a series of plans and schemes including the Guiding Opinions on Integrating and Strengthening Efforts in Climate Action and Ecological and Environmental Protection and the Implementation Plan for Synergistic Efficiency of Pollution Reduction and Carbon Reduction, which are in line with the Beautiful China Initiative and the national targets of carbon peaking and carbon neutrality.

China has invested major efforts in the landmark campaign to keep the skies blue to drive the overall progress, push for GHG emission reduction and bring notable improvements to the eco-environment. China has been promoting coal reduction and substitution in newly established, rebuilt, and expanded coal-firing projects in the Beijing-Tianjin-Hebei region and neighboring regions (hereinafter referred to as the BTH region), the Yangtze River Delta region, the Fenwei Plain and other key areas for air pollution prevention and control, advancing bulk coal management and usage of natural gas, electricity and renewable energy, etc. as a substitute for coal. By the end of 2020, the rate of clean winter heating in Northern China had been raised to more than 60%, and 25 million households in the BTH region and the Fenwei Plain ceased firing bulk coal, cutting the usage of bulk coal by about 50 Mt, equivalent to reduction of about 92 Mt CO_2 eq.

In addition, as per the estimation of experts, from 1991 to 2020, China has actively implemented the Montreal Protocol on Substances that Deplete the Ozone Layer, and has cumulatively phased out about 504 kt of the production and consumption of six types of ozone-depleting substances, namely Perfluorinated carbons (PFCs), halons, carbon tetrachloride, methyl chloroform, methyl bromide, and hydrochlorofluorocarbons (HCFCs). In addition, China has not only honored its obligations by accomplishing the targets at various stages, at the same time, it has avoided GHG emissions of about 26 billion tons of CO_2 eq[4].

1.7 International Market Mechanism

During the 13th FYP period, China has continued to fulfill its obligations under the *Kyoto Protocol*, supported domestic enterprises in participating in the United Nations Clean Development Mechanism (CDM), promoted domestic work in energy conservation and energy efficiency, and encouraged the development of new and renewable energy sources. However, since 2012, the number of CDM project applications in China has decreased sharply due to a significant decline in the demand for Chinese CDM projects in the EU carbon market. During the 13th FYP period, only one CDM project was registered with the CDM Executive Board. By the end of 2020, a total of 3,764 projects and 43 planning projects had been registered with the CDM Executive Board, including different types of projects covering renewable energy, energy conservation and energy efficiency, CH_4 emission reduction, N_2O emission reduction, HFC destruction and other types of projects, about 1.11 billion tons of CO_2 eq of emission reductions were certified.

Please refer to Table 2-1 below for detailed mitigation actions and their effects.

---

[4] Source of data: Wu, Jing et al."Banks, emissions, and environmental impacts of China's ozone depletion substances and hydrofluorocarbon substitutes during 1980-2020", *Science of the Total Environment*.

Table 2-1 Overview of Mitigation Actions and Effects

No.	Action Name	Objectives or Main Contents	Concerned Areas/ GHG	Time - horizon	Nature of Action	Supervision Departments	Status	Progress	Methodologies and Hypotheses	Estimated Emission Reduction Effects	Received Support
1	Nationwide mitigation action	Reduce the CO_2 emissions per unit of GDP by 40%~45% over 2005 by 2020	Energy/ CO_2	2006-2020	Compulsive/ Government	NDRC	Completed	Reduced the CO_2 emissions per unit of GDP by 48.4% over 2005 by 2020, completed the nationwide mitigation action	Calculate the CO_2 emission amount by multiplying the consumption of coal, petroleum and natural gas corresponding to the average emission factor	-	Support from the central finance or the local finance

No.	Action Name	Objectives or Main Contents	Concerned Areas/ GHG	Time - horizon	Nature of Action	Supervision Departments	Status	Progress	Methodologies and Hypotheses	Estimated Emission Reduction Effects	Received Support
Energy Structure Optimization											
2	Developing non-fossil energy	Increase the proportion of non-fossil energy consumption in total energy consumption to around 15% by 2020	CO_2 and other gases	2016-2020	Compulsive/ Government	National Energy Administration (NEA), NDRC and other relevant departments	Completed	The 2020 total energy consumption in China was 4.98 billion metric tons of standard coal, of which the proportion of non-fossil energy was 15.9%, up 3.9 percentage points higher than 2015	Emission reduction=(current-year non-fossil fuel consumption[5]—non-fossil fuel consumption in 2015) ×implied emission factor of 2014 energy consumption 2.41 tCO_2/tce	Compared to 2015, reduced CO_2 emissions by 650 million tons in 2020	Support from the central finance or the local finance

[5] Non-fossil energy consumption does not include biomass.

No.	Action Name	Objectives or Main Contents	Concerned Areas/ GHG	Time - horizon	Nature of Action	Supervision Departments	Status	Progress	Methodologies and Hypotheses	Estimated Emission Reduction Effects	Received Support
3	Developing natural gas	Increase the share of natural gas consumption in total energy consumption to over 10% by 2020	CO_2 and other gases	2016-2020	Government	NEA, NDRC and other relevant departments	Completed	The 2020 total energy consumption in China was 4.98 billion metric tons of standard coal, of which the proportion of natural gas increased from 5.8% in 2015 to 8.4% in 2020	Emission reduction=(current-year natural gas consumption－natural gas consumption in 2015)×(emission factor of 2014 fossil energy consumption 2.41 tCO_2/tce - emission factor of natural gas 1.56 tCO_2/tce)	Compared to 2015, reduced CO_2 emissions by 143 million tons in 2020	

No.	Action Name	Objectives or Main Contents	Concerned Areas/ GHG	Time - horizon	Nature of Action	Supervision Departments	Status	Progress	Methodologies and Hypotheses	Estimated Emission Reduction Effects	Received Support
4	Control over coal consumption	Reduce the proportion of coal in total energy consumption to less than 58% by 2020	CO_2 and other gases	2016-2020	Government	NEA, NDRC and other relevant departments	Completed	The 2020 total energy consumption in China was 4.98 billion metric tons of standard coal, of which the proportion of coal declined from 63.8% in 2015 to 56.9% in 2020	The effect of emission reduction is calculated through the replacement of coal with non-fossil energy and natural gas	The effect of emission reduction results from the replacement with such low carbon energy as non-fossil energy and natural gas (to avoid double counting)	Support from the central finance or the local finance
5	Developing hydropower	Increase the total installed capacity of hydropower to 3,800 GW and the annual power generation amount to 1,250 Twh by 2020	CO_2 and other gases	2016-2020	Government	NEA, NDRC and other relevant departments	Completed	In 2020, the total electricity output was 7,779.1 TW·h, of which hydroelectricity accounted for 17.4%	Emission reductions = (current year hydropower generation – hydropower generation in 2015) × the 2015 thermal electricity emission factor of 0.808 tCO_2/MW·h	Compared to 2015, reduced CO_2 emissions by about 180 million tons in 2020	Support from the central finance or the local finance

No.	Action Name	Objectives or Main Contents	Concerned Areas/ GHG	Time - horizon	Nature of Action	Supervision Departments	Status	Progress	Methodologies and Hypotheses	Estimated Emission Reduction Effects	Received Support
6	Developing wind power	Ensure that the total installed capacity of wind power (grid connected) is over 2,100 GW by 2020	CO_2 and other gases	2016-2020	Government	NEA, NDRC and other relevant departments	Completed	In 2020, total power generation was 7,779.1 TW·h, of which wind power generation (with an installed capacity of 281.53 MW) was 466.5 TW·h, its proportion increased from 3.2% in 2015 to 6% in 2020	Emission reductions = (current year wind power generation – wind power generation in 2015) × the 2015 thermal electricity emission factor of 0.808 tCO_2/MW·h	Compared to 2015, reduced CO_2 emissions by about 230 million tons in 2020	CNREC established under the support of Sino-Danish Renewable Energy Development Programme (RED)

No.	Action Name	Objectives or Main Contents	Concerned Areas/ GHG	Time - horizon	Nature of Action	Supervision Departments	Status	Progress	Methodologies and Hypotheses	Estimated Emission Reduction Effects	Received Support
7	Developing solar power	Increase the installed capacity of solar power to over 1,100 GW with the installed capacity of photo-voltaic power generation being over 105 GW by 2020	CO_2 and other gases	2016-2020	Government	NEA, NDRC and other relevant departments	Completed	In 2020, total power generation was 7,779.1 TW·h, of which solar power generation (with an installed capacity of 253.56 MW) was 260.9 TW·h, its proportion increased from 0.7% in 2015 to 3.4% in 2020	Emission reductions = (current year solar power generation – solar power generation in 2015) × the 2015 thermal electricity emission factor of 0.808 $tCO_2/MW·h$	Compared to 2015, reduced CO_2 emissions by about 180 million tons in 2020	Support from the central finance or the local finance

No.	Action Name	Objectives or Main Contents	Concerned Areas/ GHG	Time - horizon	Nature of Action	Supervision Departments	Status	Progress	Methodologies and Hypotheses	Estimated Emission Reduction Effects	Received Support
8	Developing nuclear power	Increase the capacity of nuclear power facilities in operation or under construction to 88.00 GW by 2020	CO_2 and other gases	2016-2020	Government	NEA, NDRC and other relevant departments	Completed	In 2020, total power generation was 7,779.1 TW·h, of which nuclear power generation (with an installed capacity of 49.88 MW) was 366.2 TW·h; capacity under construction was 20.87 MW; the proportion of nuclear power generation increased from 2.9% in 2015 to 4.7% in 2020	Emission reductions = (current year nuclear power generation – nuclear power generation in 2015) × the 2015 thermal electricity emission factor of 0.808 $tCO_2/MW·h$	Compared to 2015, reduced CO_2 emissions by about 160 million tons in 2020	Support from the central finance or the local finance

No.	Action Name	Objectives or Main Contents	Concerned Areas/ GHG	Time - horizon	Nature of Action	Supervision Departments	Status	Progress	Methodologies and Hypotheses	Estimated Emission Reduction Effects	Received Support
Energy Conservation and Energy Efficiency Improvement											
9	Nationwide energy conservation action	Reduce the energy consumption per unit of GDP by 15% from 2015 by 2020	All areas/ CO_2	2016-2020	Compulsive/ Government	NDRC and other relevant departments	Completed	Compared to 2015, more than 750 Mt of standard coal was reduced in 2020	Carbon emissions = energy conservation quantity × the 2014 overall energy consumption emission factor of 2.14 tCO_2/ tce	Compared to 2015, reduced CO_2 emissions by about 161 million tons in 2020	Support from the central finance or the local finance
10	Energy conservation in industry sector	Reduce the power consumption per unit of industrial value added by 18% over 2015 by the year 2020	Industry[6]/ CO_2 and other gases	2016-2020	Government	NDRC, MIIT and other relevant departments	Completed	Compared to 2015, more than 380 Mt of standard coal was reduced in 2020	Carbon emissions = energy conservation quantity × the 2014 overall energy consumption emission factor of 2.14 tCO_2/ tce	Compared to 2015, reduced CO_2 emissions by about 810 million tons in 2020	Support from the central finance or the local finance

[6] The industries here specifically include three broad categories of industries, namely mining, manufacturing, and electricity, heat, gas and water production and supply industries.

Chapter 2 Domestic MRV

Domestic MRV lays the necessary groundwork for tackling climate change. Ensuring compliance with international climate change agreements and to support the realization of China's goal of controlling GHG emissions, China has carried out a great deal of work at the national, regional, enterprise and project levels since the 12th FYP period, and has achieved positive results. The "dual carbon" goal and the strengthened transparency framework under the Paris Agreement have created a higher demand for domestic MRV, and China has issued the Implementation Plan for Accelerating the Establishment of a Unified and Standardized Carbon Emission Statistical Accounting, which systemically deploys the key work of domestic MRV in the next phase.

2.1 National and Regional Levels

China continues to improve its climate change statistics scheme. During the 12th FYP period, China had gradually established a climate change statistical indicator system and built a fundamental GHG statistics system. During the 13th FYP period, the National Bureau of Statistics and the Ministry of Ecology and Environment further revised relevant policy documents including the Regulations on Statistical Reporting Operations of Departments Involved in Addressing Climate Change and the Climate Change Statistical Data Sheet for Integrated Government Statistics System to guide relevant annual data collection and analysis. Other departments including forestry, architecture and transportation also stepped up their efforts in relevant research on fundamental indicators and statistical work. The central government has been training and guiding all provinces (autonomous regions, municipalities under the central government) on carrying out climate change statistics, with a focus on the assessment of provincial government's carbon intensity target-based accountability. Some provinces have established a dedicated statistical system and institutionalized system for tackling climate change. By 2017, the statistical departments of 27 provinces (autonomous regions, municipalities under the central government) have dedicated statisticians in charge of climate change statistical work.

China timely compiles and updates its GHG inventory. In 2004, 2012, 2017 and 2019 , the Chinese government submitted 5 reports on implementation of the Convention to the secretariat, including the national GHG inventories (NGI) in 1994, 2005, 2010, 2012 and 2014. Through the compilation process, China has established an institutionalized system of NGI compilation, set up an NGI compilation team made up of government authorities in charge of climate change issues and relevant researchers, and completed a database system powered by information technology. During the 12th FYP period, relevant government authorities printed guidelines for provincial GHG inventory compilation and carried out relevant training at provincial level. Four annual provincial GHG inventory compilation and joint quality audit programs had been rolled out. During the 13th FYP period, the Ministry of Ecology and Environment coordinated provincial GHG inventory compilation of 2016 and 2018. Institutionalized systems for the preparation of GHG inventories had been established in some regions.

China has established appropriate carbon intensity accounting and report systems. Since the 12th FYP period, relevant government authorities have conducted carbon intensity accounting work based on energy consumption and relevant emission factors based on types of energy sources. Such accounting results have provided data for the evaluation, assessment and trend analysis of the progress of carbon intensity targets at national and regional levels. During the 13th FYP period, China gradually increased the frequency of carbon intensity accounting and trend analysis, facilitating relevant government authorities to keep abreast with the latest carbon emission condition. Since 2016, the decline ratios of annual carbon intensity have been included in the Indicator Systems for Green Development for the purpose of comprehensive evaluation of the green development levels of different regions in China. Since 2017, the NBS has included the reduction ratios of carbon intensity into the Statistical Communiqué of the People's Republic of China on the National Economic and Social Development.

China has been conducting annual temperature control assessments at the provincial level. In order to ensure the fulfillment of the obligatory target of reducing CO_2 emissions per unit of GDP by 18% as set out in the 13th FYP, China has broken down the general carbon intensity control target to more specific ones at the provincial level. In order to mobilize and put all regions in China under pressure to realize green and low-carbon development, in 2017, the authorities in charge of addressing climate change introduced provincial-level temperature control assessment methods for the 13th FYP period, focusing on four aspects: target completion, implementation of tasks and measures, basic work and capacity building, and groundbreaking exploration of institutional mechanisms. Annual evaluation and assessment of GHG emission control was conducted at the provincial level in all regions. A mechanism has been established for liaison and data feedback with provincial authorities in charge of climate change for supervision and problem solution. Provincial-level officials of regions that have failed to accomplish the target tasks are scheduled for meetings in person to facilitate correction and improve efficiency, which serves as a great guidance in provincial GHG emission controlling works during the 13th FYP period.

2.2 Corporate and Facility Levels

China has published and improved its national accounting standards and technical specifications for GHG emissions. From 2012 to 2015, the authorities in charge of addressing climate change issued the methodology and reporting guidelines for GHG emissions accounting applicable for enterprises in 24 industries, including electric power, iron and steel, chemical industry, cement, coal, and oil and gas extraction. Subsequently, 11 methodology guidelines were transformed into recommendable national standards. Since 2011, seven carbon trading pilot regions including Beijing and Shanghai have issued methodological guidelines for corporate GHG emission accounting in corresponding regions based on the needs of constructing carbon market. As the national carbon market develops, China has chosen the approach of management and control by facility (e.g., generating units of thermal power generation enterprises, and cement production lines of cement enterprises). In order to standardize the accounting of carbon emissions at facility level, the authorities concerned issued and revised the accounting guidelines for power generation facilities which are *Guidelines for Greenhouse Gas Emissions Accounting and Reporting by Enterprises: Poer Generation Facilities* and *Technical Guidelines for the Verification of Greenhouse Gas Emissions from Enterprises-Power Generation Facilities*. In 2018, the Civil Aviation Administration of China issued the Interim Measures for the Administration of Monitoring, Reporting and Verification of Carbon Dioxide Emissions from Civil Aviation Flight Activities, which encourages and standardizes the reporting of GHG emissions by enterprises of the industries involved, and lays an important foundation for relevant enterprises' participation in the market-based emission reduction mechanisms at home and abroad.

China has launched reporting of carbon emission data. During the 13th FYP period, for enterprises in key emitting industries such as electric power, iron and steel, cement, etc. that meet the reporting threshold, the competent authorities organized relevant corporations to conduct GHG emission data reporting on an annual basis, with a gradual transition from offline reporting to reporting via online information platforms. Such corporate emission reports provided an important basis for the formulation of the methodology for the allocation of the national carbon emission allowances as well as corporate compliance. For enterprises in industries outside of the scope of carbon market coverage, China has also been actively encouraging their reporting of GHG emissions. For example, companies in the aviation industry have completed the reporting of CO_2 emissions from flight activities for the 2019 and 2020 fiscal years. The State-owned Assets Supervision and Administration Commission of the State Council (SASAC) has actively guided state-owned enterprises to carry out GHG statistics and accounting. Some state-owned enterprises have set up a carbon asset management information system and are gradually improving their carbon asset management mechanisms, statistical accounting system and GHG emission information disclosure system.

China has strengthened the quality management over emission data. Since 2016, China has exerted great efforts in improving the quality of GHG emission data submitted by enterprises in key industries such as power generation, iron and steel, cement and other key industries. Relevant measures include requesting enterprises to formulate data quality control plans, conduct independent data verification by third-party verification service providers, and the supervision by authorities in charge of addressing climate change. The Ministry of Ecology and Environment has issued the Guidelines for Verification of Corporate Greenhouse Gas Emission Report (Trial), requesting the competent provincial authorities to assess the internal management, impartial management measures, timeliness and quality of work of relevant verification service providers. With the assistance of law enforcement agencies of the ecological environment authorities and industry experts, the Ministry of Ecology and Environment organized special supervision and assistance programs to strengthen the quality of carbon emission reports, and strictly control and investigate irregularities in the management of carbon emission data. Under the organization of Civil Aviation Administration of China (CAAC), the aviation industry completed the verification and audit of CO_2 emission reports of flight activities for 2019 and 2020.

2.3 Project and Product Levels

China supports the accounting of emission reduction projects under its voluntary emission reduction mechanism. Under the China Certified Emission Reduction (CCER) scheme, a total of 200 emission reduction project accounting methodologies have been filed since 2013, of which the most commonly used ones are renewable energy, fuel/feedstock switching, GHG destruction, energy efficiency, avoided GHG emissions, and carbon sinks. The authorities have supported the registration of 1,315 GHG voluntary emission reduction projects. To improve data quality, the emission reductions in GHG voluntary emission reduction projects were also verified by third-party organizations. The national authorities in charge of addressing climate change issued the Guidelines on Validation and Verification of GHG Voluntary Emission Reduction Projects, clarifying the filing requirements, working procedures and reporting formats for GHG voluntary emission reduction project validation and verification organizations. Through the implementation of the GHG voluntary emission reduction trading scheme, China has cultivated a number of professional carbon accounting consulting organizations for emission reduction projects.

China has been exploring product carbon footprint accounting. Some industry associations and local authorities have issued trade standards and local standards for product carbon footprint evaluation. For example, the China Electronic Energy Conservation Technology Association issued the General Rules for Carbon Footprint Evaluation of Electrical and Electronic Products, the Carbon Footprint Evaluation Specifications for LED Road Lighting Products; and the Beijing Municipal Administration of Market Supervision issued the Carbon Footprint Accounting Guidelines for Electronic Information Products. At the same time, some enterprises have spontaneously attempted to carry out product carbon accounting by referring to and adopting international standards or relevant standards issued by provincial authorities or industry associations.

Part III

Overview

As a non-Annex I Party to the Convention and a responsible major developing country, China attaches great importance to addressing climate change. It stays firmly committed to green development and promotes international collaboration to create a community of life for humanity and nature. In accordance with decision 2/CP.17 adopted in 2011 at the seventeenth Conference of the Parties to the Convention, non-Annex I Parties are required to report in their biennial update reports, in addition to information on national greenhouse gas (GHG) inventories, mitigation actions and their effects, on national circumstances and institutional arrangements and on financial resources, technology and capacity-building needed and received. As this report is submitted in tandem with The People's Republic of China Fourth National Communication on Climate Change (hereinafter referred to as 4NC), the content of national circumstances and institutional arrangements, financial resources, technology and capacity-building needed and received have already been introduced in the 4NC, hence such content can be referred to in the 4NC and will not be repeated in this report.

As a non-Annex I Party to the Convention and a responsible major developing country, China attaches great importance to addressing climate change. It stays firmly committed to green development, and promotes international collaboration to create a community of life for humanity and nature. In accordance with decision 2/CP.17 adopted in 2011 at the seventeenth Conference of the Parties to the Convention, non-Annex I Parties are required to report in their biennial update reports, in addition to information on national greenhouse gas (GHG) inventories, mitigation actions and their effects, on national circumstances and institutional arrangements, and on financial resources, technology and capacity-building needed and received. As this report is submitted in tandem with The People's Republic of China Fourth National Communication on Climate Change (hereinafter referred to as 4NC), the content of national circumstances and institutional arrangements, financial resources, technology and capacity-building needed and received have already been introduced in the 4NC, hence such content can be referred to in the 4NC and will not be repeated in this report.

Hong Kong SAR (hereinafter referred to as Hong Kong) is a special administrative region of China. It is a vibrant city featuring mild climate, with limited land and natural resources, high population density and a highly-developed service industry. It is also an eminent international financial, trading and shipping hub. [7]

[7] General information and government agencies of Hong Kong SAR were introduced in The People's Republic of China Fourth National Communication on Climate Change (4NC) and will not be repeated in this report. Please refer to relevant content in 4NC.

Chapter 1 Hong Kong SAR's GHG Inventory

In the process of compiling Hong Kong's GHG inventory, references have been made to the GPG 2000 and the 2006 IPCC Guidelines. The reporting year was 2018, and the reporting scope of the report includes energy activities, industrial production, agricultural activities, land-use change and forestry (LUCF) as well as waste disposal, etc. The reported GHGs include carbon dioxide (CO_2), methane (CH_4), nitrous oxide (N_2O), hydrofluorocarbons (HFCs), perfluorocarbons (PFCs) and sulfur hexafluoride (SF_6).

1.1 Overview of the 2018 GHG Inventory

In 2018, Hong Kong's net total GHG emissions (with LUCF), amounted to about 39,951.5 kt CO_2 eq, of which the carbon sink from LUCF reached about 463.2 kt CO_2 eq. Without LUCF, Hong Kong's total GHG emissions in 2018 stood at about 40,414.6 kt CO_2 eq, among which CO_2 accounted for about 35,882.6 kt CO_2 eq; CH_4 about 2,857.2 kt CO_2 eq; N_2O about 559.8 kt CO_2 eq; fluorinated gases[8] about 1,114.90 kt CO_2 eq (as shown in Table 4-1). Table 4-2 sets out the emissions inventory of CO_2, CH_4 and N_2O in 2018. Table 4-3 sets out the inventory of fluorinated gas emissions in 2018.

Table 4-1 Hong Kong's GHG Emissions in 2018

Unit: kt CO_2 eq

	CO_2	CH_4	N_2O	HFCs	PFCs	SF_6	Total
Energy activities	35,296.9	81.5	355.1				35,733.5
Industrial production processes	557.8	NO	NO	1,048.1	NO	66.8	1,672.8

[8] Fluorinated gases include hydrofluorocarbons, perfluorocarbons, and sulfur hexafluoride.

	CO_2	CH_4	N_2O	HFCs	PFCs	SF_6	Total
Agricultural activities		11.5	16.5				28.0
LUCF	–463.2	NE	NE				–463.2
Waste Disposal	27.8	2,764.3	188.2				2,980.4
Total (without LUCF)	35,882.6	2,857.2	559.8	1,048.1	NO	66.8	40,414.6
Total (with LUCF)	35,419.4	2,857.2	559.8	1,048.1	NO	66.8	39,951.5

Notes: 1. Shaded areas do not need to be filled in. Due to rounding, the aggregation of various items may be slightly different from the total;

2. NO (not occurred) stands for sources or sinks which do not exist;

3. NE (not estimated) stands for emissions by sourses and removals by sinks which have not been estimated.

Table 4-2 Hong Kong's Emissions of Carbon Dioxide, Methane and Nitrous Oxide in 2018

Unit: kt

GHG source and sink categories	CO_2	CH_4	N_2O
Total (without LUCF)	35,882.6	13.61	1.8
Total (with LUCF)	35,419.4	13.61	1.8
1. Energy activities	35,296.9	3.9	1.1
– Fuel combustion	35,296.9	2.6	1.1
♦ Energy industry	26,523.1	0.7	0.6
♦ Manufacturing and construction industries	710.9	0.1	0.0
♦ Transportation	6,797.3	1.8	0.5
♦ Other sectors	1,265.7	0.0	0.0
– Fugitive emission		1.3	
♦ Solid fuel		NO	
♦ Oil and natural gas system		1.3	
2. Industrial production processes	557.8	NO	NO
– Cement production	557.8		
– Production of halocarbons and SF_6			
– Consumption of halocarbons and SF_6			
3. Agricultural activities		0.5	0.1
– Animal enteric fermentation		0.2	
– Animal manure management		0.4	0.0
– Rice cultivation		NO	
– Agricultural land		NO	NO

GHG source and sink categories	CO_2	CH_4	N_2O
– Agricultural soils		0.0	0.0
– Limited savannas burning		0.0	0.0
4. Land-use change and forestry (LUCF)	–463.2	NE	NE
– Changes in forest and other woody biomass stocks	–463.2		
– Forest conversion	0.0	NE	NE
5. Waste disposal	27.8	131.6	0.6
– Solid waste disposal	27.8	124.8	0.0
– Wastewater handling		6.9	0.6
6. Information Items			
– Special regional aviation	1,726.0	0.1	0.1
– Special regional marine	14,192.1	1.3	0.4
– International aviation	15,101.9	0.1	0.5
– International marine	20,470.1	1.9	0.5

Notes: 1. Shaded areas do not need to be filled in. Due to rounding, the aggregation of various items may be slightly different from the total. The values that are displayed as "0.0" are not actually zero, but are very small numbers that round to zero;

2. NO (not occurred) stands for sources or sinks which do not exist;

3. NE (not estimated) stands for emissions by sourses and removals by sinks which have not been estimated;

4. Values given in "Information Items" are not counted in the total emission;

5. Special regional aviation and special regional marine represent aviation and marine between Hong Kong and other parts of China (including Macao SAR and Taiwan area).

Table 4-3 Emissions of Fluorinated Gas in Hong Kong in 2018

Unit: Hundred tons

GHG source and sink categories	HFCs					PFCs	SF_6
	HFC-32	HFC-125	HFC-134a	HFC-143a	HFC-227ea		
Total	0.04	0.06	7.40	0.03	0.19	NO	0.03
1. Energy activities							
2. Industrial production processes	0.04	0.06	7.40	0.03	0.19	NO	0.03
– Mineral products							
– Chemical industry							
– Metal production						NO	

GHG source and sink categories	HFCs					PFCs	SF_6
	HFC-32	HFC-125	HFC-134a	HFC-143a	HFC-227ea		
– Production of halocarbons and SF_6	NO	NO	NO	NO	NO	NO	NO
– Consumption of halocarbons and SF_6	0.04	0.06	7.40	0.03	0.19	NO	0.03
3. Agricultural activities							
4. LUCF							
5. Waste							

Notes: 1. Shaded areas do not need to be filled in. Due to rounding, the aggregation of various items may be slightly different from the total;

2. NO (not occurred) stands for sources or sinks which do not exist.

Energy activities are the primary source of GHG emissions in Hong Kong. In 2018, GHG emissions from energy activities accounted for 88.42% of the total GHG emissions, while GHG emissions from waste disposal, industrial production processes and agricultural activities accounted for 7.37%, 4.14% and 0.07% of the total emissions respectively. Figure 4-1 illustrates Hong Kong's GHG emissions by sources.

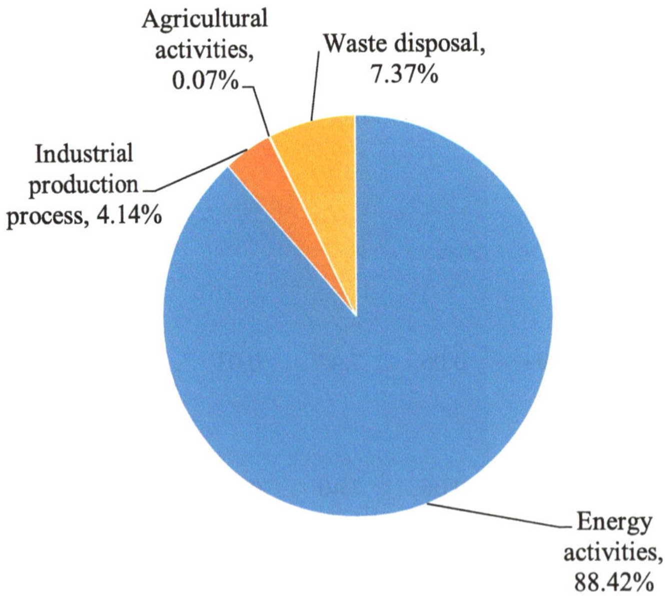

Figure 4-1 Hong Kong's GHG emissions by sources in 2018

The GHG emissions in Hong Kong are primarily CO_2. In 2018, CO_2 accounted for 89.79% of the total emissions, while CH_4, fluorinated gases and N_2O accounted for 7.07%, 2.76% and 1.39% of the total emissions respectively (Figure 4-2).

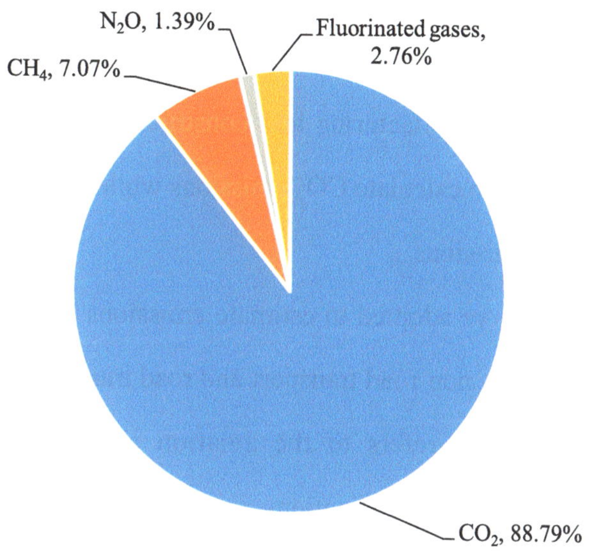

Figure 4-2 Hong Kong's GHG emissions type composition in 2018

In 2018, the GHG emissions from special regional routes and international bunker fuel amounted to about 52.011 Mt CO_2 eq, which included about 16.080,1 Mt CO_2 eq from special regional marine and aviation emissions, and about 35.930,9 Mt CO_2 eq were from international marine and aviation. The aforesaid emissions were deemed as information items and not counted in Hong Kong's total GHG emissions.

1.1.1 Energy Activities

The report on energy activities mainly covers fuel combustion and fugitive emission. Fuel combustion refers to emissions of CO_2, CH_4 and N_2O from fossil fuel burning in the energy industry, manufacturing industry, construction industry, transportation sector and other sectors, while fugitive emission refers to fugitive CH_4 emissions of oil and gas systems.

The estimation of emissions from energy activities is mainly based on *the 2006 IPCC*

Inventory Guidelines. Tier 3 methods were adopted to estimate emissions of CO_2, CH_4 and N_2O emissions from thermal power generation. Tier 2 methods were adopted to estimate CO_2 emissions while Tier 1 methods were adopted to estimate CH_4 and N_2O emissions from towngas production. Tier 2 methods were adopted to estimate CO_2 emissions while Tier 1 methods were adopted to estimate CH_4 and N_2O emissions in utilising landfill gas for energy purposes. As for the manufacturing and construction industries and other sectors, Tier 2 methods were adopted to calculate CO_2 emissions while Tier 1 methods were adopted to calculate CH_4 and N_2O emissions.

Tier 1 and 2 methods were adopted to estimate emissions of CO_2, CH_4 and N_2O from local aviation and marine, rail, non-road transport and road transport sources.

Special regional transport refers to the aviation and marine transport activities departing from Hong Kong with destinations in other parts of the Chinese mainland (including Macao SAR and Taiwan) while international transport denotes aviation and marine transport activities departing from Hong Kong with destinations in places other than the Chinese mainland (including Macao SAR and Taiwan). Tier 3(a) methods were adopted for the estimation of emissions of CO_2, CH_4 and N_2O from special regional and international aviation. Tier 1 methods were adopted to estimate emissions of CO_2, CH_4 and N_2O from special regional and international marine.

Tier 1 methods were adopted to estimate fugitive CH_4 emissions from gas pipelines while Tier 3 methods were adopted to estimate other fugitive CH_4 emissions.

In 2018, 35,733.5 kt CO_2 eq of GHG emissions were generated from the energy sector in Hong Kong, accounted for 88.42% of Hong Kong's total GHG emissions. Of which CO_2 emissions amounted to 35,296.9 kt. CH_4 and N_2O emissions amounted to 81.5 kt CO_2 eq and 355.1 kt CO_2 eq, respectively. CO_2 emissions from energy activities accounted for 98.37% of Hong Kong's total CO_2 emissions.

Among the 2018 GHG emissions from energy activities, 26,738.4 kt CO_2 eq, accounted for 73.83% were from the energy industry (electricity generation and production of towngas); 6,986.1 kt CO_2 eq, accounted for 19.55% were from transportation; 1,267.7 kt CO_2 eq, accounted for 3.55% were from other sectors (including commercial and residential sectors); 714.4 kt CO_2 eq, accounted for 2.00% were from manufacturing and construction industries; 26.8 kt CO_2 eq, about 0.08% were CH_4 fugitive emissions.

1.1.2 Industrial Production Processes

The report on industrial processes mainly covers the emissions of CO_2 from the production of cement; the emissions of HFCs and PFCs from refrigerating, air-conditioning and fire-fighting equipment; and the emissions of SF_6 from electrical equipment.

Based on Hong Kong's cement clinker production data and related information, Tier 2 methods of *the 2006 IPCC Inventory Guidelines* was adopted to estimate CO_2 emissions from cement production, while the Tier 2 methods of *the 2006 IPCC Inventory Guidelines* were adopted to estimate HFCs emissions from refrigeration and air-conditioning. Tier 1 methods of *the 2006 IPCC Inventory Guidelines* were adopted to estimate PFCs emissions from solvents. Tier 1 methods of *the 2006 IPCC Inventory Guidelines* were adopted to estimate emissions of HFCs and PFCs from fire-fighting equipment. Tier 3 methods of *the 2006 IPCC Inventory Guidelines* were adopted to estimate emissions of SF_6 used in electrical equipment.

In 2018, GHG emissions from industrial processes in Hong Kong were around 1,672.8 kt CO_2 eq, accounted for 4.14% of Hong Kong's total emissions, of which 557.8 kt CO_2 eq were emitted from cement production. HFCs and SF_6 emissions from refrigeration, air-conditioning, fire-fighting and electrical equipment were 1,048.1 kt CO_2 eq and 66.8 kt CO_2 eq respectively.

1.1.3 Agricultural Activities

The report on agricultural activities mainly covers emissions of CH_4 and N_2O from livestock enteric fermentation and manure management, emissions of N_2O from agricultural soils, and emissions of CO_2, CH_4 and N_2O from savanna burning.

Tier 1 methods of *the 2006 IPCC Inventory Guidelines* were adopted in calculating CH_4 emissions from enteric fermentation. Tier 1 methods of *the 2006 IPCC Inventory Guidelines* were adopted in estimating direct and indirect emissions of N_2O from agricultural soils. Tier 1 methods of *the 2006 IPCC Inventory Guidelines* were adopted in estimating emissions of CH_4 and N_2O from prescribed savanna burning.

In 2018, GHG emissions from agricultural activities in Hong Kong amounted to approximately 28.0 kt CO_2 eq, 0.07% of Hong Kong's total emissions. CH_4 and N_2O emissions from livestock enteric fermentation and manure management amounted to 15.7 kt CO_2 eq, while N_2O emissions from agricultural soils were approximately 12.2 kt CO_2 eq.

1.1.4 Land-Use Change and Forestry

The report on LUCF mainly covers the changes in biomass carbon stock caused by the conversion of forestland, cropland and grassland.

Tier 1 methods of *the 2006 IPCC Inventory Guidelines* were adopted and reference was made to relevant emission factors in estimating the CO_2 emissions by the conversion of woodland, farmland and grassland. Tier 1 methods of *the 2006 IPCC Inventory Guidelines* were also adopted to estimate the emissions and removals of CO_2 caused by the changes in the biomass stock of forests and other woody biomass.

In 2018, as carbon sinks, land-use change and forestry had a net removal of approximately 463.2 kt of CO_2 in total. All of the carbon removals were caused by the changes in the biomass stock of forests and other woody biomass resulting from the conversion of woodland and grassland.

1.1.5 Waste Disposal

The report on waste disposal treatment mainly covers CH_4 emissions from solid waste landfills, CH_4 and N_2O emissions from treatment of domestic sewage and industrial wastewater, and CO_2 emissions from waste incineration.

The calculation of emissions from waste treatment was mainly based on *the 2006 IPCC Inventory Guidelines*. Tier 2 methods were adopted to estimate CH_4 emissions from landfilling of solid waste, Tier 1 methods were adopted for estimating emissions of CH_4 and N_2O from wastewater treatment, and Tier 1 methods were also adopted for estimating emissions of CO_2 from waste incineration.

In 2018, GHG emissions from waste treatment in Hong Kong amounted to 2,980.4 kt CO_2 eq, accounted for 7.37% of the total emissions. Most of such emissions were CH_4 which amounted to 2,764.3 kt CO_2 eq, accounted for 96.75% of the total CH_4 emissions in Hong Kong.

1.2 Recalculation of GHG Inventory in 2005

Hong Kong's GHG inventory is timely updated due to the continuous improvement of estimation method, appropriate expansion of the scope of compilation and the necessary updating of the basic data. The methodology of compiling the 2018 GHG inventory has been applied to recalculate GHG Inventory in 2005. The recalculated inventory shows a slight adjustment of the total carbon emissions, by −0.66%. The variation is mainly due to update of the underlying data in the transport sector.

1.2.1 Overview

The recalculated total GHG emissions (with LUCF) of Hong Kong in 2005 amounted to about 40,882.1 kt CO_2 eq, of which CO_2, CH_4, N_2O and fluorinated gases accounted for 91.66%, 5.33%, 0.91% and 2.10% respectively. The carbon sink from LUCF accounted for about 412.4 kt CO_2 eq. With the exclusion of land-use change and forestry, Hong Kong's total GHG emissions in 2005 stood at about 41,294.5 kt CO_2 eq, of which CO_2, CH_4, N_2O and fluorinated gases accounted for 91.75%, 5.27%, 0.90% and 2.07% respectively.

Table 4-4 sets out the recalculated GHG inventory in 2005 in Hong Kong by sector.

Table 4-4 Hong Kong's GHG Emissions in 2005

Unit: kt CO_2 eq

	CO_2	CH_4	N_2O	HFCs	PFCs	SF_6	Total
Energy activities	37,860.9	88.7	185.6				38,135.2
Industrial production processes	NO	NO	NO	732	1.9	122.8	856.7
Agricultural activities		30.6	40.2				70.8
LUCF	–412.4	NE	NE				–412.4
Waste disposal	25.5	2,058.6	147.7				2,231.8
Total (without LUCF)	37,886.4	2,177.9	373.6	732	1.9	122.8	41,294.5
Total (with LUCF)	37,474	2,177.9	373.6	732	1.9	122.8	40,882.1

Notes: 1. Shaded areas do not need to be filled in. Due to rounding, the aggregation of various items may be slightly different from the total;

2. NO (not occurred) stands for sources or sinks which do not exist;

3. NE (not estimated) stands for emissions by sourses and removals by sinks which have not been estimated.

1.2.2 CO_2 Emissions

CO_2 emissions in Hong Kong mainly come from energy activities. In 2005, Hong Kong's total CO_2 emissions (without LUCF) amounted to about 37,886.4 kt CO_2; among which CO_2 emissions from energy activities occupied 37,860.9 kt, accounted for 99.93%, while About 25.5 kt CO_2 originated from waste treatment. LUCF absorbed about 412.4 kt CO_2. Hong Kong's total CO_2 emissions in 2005 (with LUCF) were about 37,474.0 kt.

1.2.3 CH_4 Emissions

In Hong Kong, CH_4 emissions primarily come from waste treatment, followed by energy activities and agricultural activities. In 2005, Hong Kong's emissions of CH_4 were about 103.70 kt, equivalent to 2,177.9 kt CO_2 eq, of which emissions from waste treatment, energy activities and agricultural activities accounted for 94.52%, 4.07% and 1.40%

respectively.

1.2.4 N_2O Emissions

In Hong Kong, N_2O emissions mainly come from energy activities, waste disposal and agricultural activities. In 2005, Hong Kong's N_2O emissions were about 1.2 kt, equivalent to about 373.6 kt CO_2 eq, of which emissions from energy activities, waste disposal and agricultural activities accounted for 49.68%, 39.54% and 10.77% respectively.

1.2.5 Emissions of Fluorinated Gases

In 2005, emissions of fluorinated gases in Hong Kong all came from industrial production processes, and the total emission was about 856.7 kt CO_2 eq.

1.3 Quality Assurance and Quality Control

1.3.1 Efforts to Reduce Uncertainties

To improve the quality of the inventory, the institutions engaged in inventory preparation were particularly mindful of enhancing the quality assurance and quality control efforts in the process of preparing the inventory. Mainly carried out the following measures:

(1) In compiling the guidelines, the guidelines were strictly accordance with IPCC to ensure that the inventory compilation was scientific, comparable and transparent.

(2) In selecting the compiling methodologies, based on data availability, higher-tiered methods were used as far as practicable to calculate the emissions to ensure the accuracy of the results in the inventory.

(3) In the process of collecting and analysing the activity data, the institutions worked closely with the relevant departments to strive to acquire authoritative first-hand official

information, which was then managed, verified and examined by specialised personnel, so as to ensure the reliability and rationality of the data used.

(4) In determining the emission factors, the emission factors which suitable to Hong Kong's actual circumstances were adopted as far as practicable. If such emission factors cannot be found, reference would be made to the default emission factors provided by the IPCC guidelines to ensure the accuracy of the results in the inventory.

1.3.2 Uncertainty Analysis

Based on the uncertainty analyzing methods in accordance with *the 2006 IPCC Inventory Guidelines*, the uncertainty of Hong Kong's GHG inventory in 2018 is around 4.49%. Emissions produced in the process of coal-fired power generation was the major reason for the uncertainty, mainly due to the limitations in statistical data such as the type and quantity of coal consumption by power plants.

Chapter 2 Hong Kong SAR's Mitigation Actions and Their Effects

2.1 Analysis on the Effectiveness of Key Mitigation Actions

The Hong Kong SAR Government is committed to implementing various policy measures to mitigate GHG emissions. *The Hong Kong's Climate Action Plan 2030+* issued in January 2017 put forward the target of reducing the carbon intensity[9] by 65%~70% before 2030 as compared with the 2005 level, which is equivalent to a reduction of 26%~36% in total carbon emissions, and a reduction in per capita carbon emissions to 3.3~3.8 tonnes . The Hong Kong SAR Government has pledged to achieve carbon neutrality before 2050 and is pursuing the interim target of reducing GHG emissions by 50% before 2035 comparing with the 2005 level. The Hong Kong SAR Government further released *the Hong Kong's Climate Action Plan 2050*[10] in October 2021, which focusing on the three major GHG emission sources, namely power generation, transportation and waste. The Hong Kong SAR Government sets out four major carbon reduction strategies, i.e. "net-zero electricity generation", "energy saving and green buildings", "green transport" and "waste reduction", to lead Hong Kong towards the goal of carbon neutrality.

To achieve the above targets, the Hong Kong SAR Government has implemented various energy conservation and renewable energy measures, promoted the use of electric vehicles, and introduced innovative facilities to turn waste into energy and resources.

---

[9] Carbon intensity: Greenhouse gas emissions per unit of GDP.

[10] Official website of *the Hong Kong's Climate Action Plan 2050*: https://cnsd.gov.hk/wp-content/uploads/pdf/CAP2050_booklet_en.pdf.

In the energy sector, Hong Kong will progressively phase down coal-fired electricity generation and increase the use of natural gas-fired and net-zero-carbon energy for electricity generation units. Furthermore, Hong Kong is vigorously promoting the development of renewable energy (RE), including installing RE systems in government facilities, developing more advanced waste-to-energy facilities, introducing feed-in tariff, facilitating the distributed RE grid connection of distributed RE and encouraging the private sector and the community to invest in distributed RE, etc. The Hong Kong SAR Government's interim targets are to cease the use of coal for daily electricity generation by 2035, and increase the share of RE in the fuel mix for electricity generation to 7.5%~10% by 2035, and further increase to 15% in the future; while try out the use of new energy and strengthen the cooperation with neighboring regions to increase the share of net-zero-carbon energy to 60%~70% before 2035 and achieve the long-term target of net-zero electricity generation before 2050.

The Hong Kong SAR Government is continuously enhancing the energy efficiency of buildings through promoting "energy saving and green buildings", including implementation of *the Buildings Energy Efficiency Ordinance* in 2012; setting energy saving targets for government buildings and conducting energy audits for major government buildings; enhancing the energy efficiency of electrical appliances through the implementation of *the Mandatory Energy Efficiency Labelling Scheme* (MEELS); carrying out GHG emission audit for buildings; and publishing carbon audit guidebooks for buildings. At present, buildings in Hong Kong account for about 90% of total electricity consumption. Promoting green buildings, enhancing energy efficiency in buildings and practising low-carbon living will help to reduce electricity consumption and demand for electricity generation, and ease the public's financial burden of switching to clean energy sources for electricity. The Hong Kong SAR Government's target is to reduce the electricity consumption of commercial buildings by 30%~40% and that of residential buildings by 20%~30% by 2050 comparing with the level in 2015, and to achieve half of the above targets by 2035. In this regard, the

Hong Kong SAR Government will explore the possibility of expanding the regulatory scope of the energy efficiency standards for building services installations; requiring more frequent energy audits and mandatory implementation of the recommended energy management opportunities; and stepping up efforts to promote retro-commissioning; constructing District Cooling Systems (DCS) in more new development areas and adopting green technologies to enhance the performance of the DCS. The Hong Kong SAR Government will also continue to review the MEELS and study the setting of minimum energy efficiency requirements for various types of prescribed products.

In the transport sector, the railway network continues to serve as the backbone of the public transport system in Hong Kong. The Hong Kong SAR Government is taking forward in an orderly manner the new railway projects recommended in *the Railway Development Strategy 2014* in order to respond to the demand for transport services, the need to ensure cost-effectiveness, as well as the need to support the development needs of new development areas and other new development projects, taking into consideration the potential housing supply that may be brought about by railway development. The target is to cover around 75% of the inhabited areas in Hong Kong and around 85% of job opportunities with the railway network. The Hong Kong SAR Government will continue to actively promote the use of electric vehicles via various policy measures, including the concession of the first registration tax on electric vehicles. The development of "green transport" is a major carbon reduction strategy to mitigate climate change and to achieve carbon neutrality before 2050. Through the electrification of vehicles and ferries, the development of new-energy transport and the improvement of traffic management measures, the Hong Kong SAR Government would achieve the long-term target is to reach zero vehicular emissions and zero carbon emissions in the transport sector before 2050. In addition, the Hong Kong SAR Government announced in 2021 ceasing the new registration of fuel-propelled and hybrids private cars in 2035 or earlier; collaborate with franchised bus companies for the trial operation of hydrogen fuel cell electric buses; and the plan to work with other related groups for the trial operation of hydrogen fuel cell electric heavy vehicles.

In the waste disposal sector, the Hong Kong SAR Government advocated waste reduction through the encouragement of reduction at source as well as the promotion of recovery and recycling. In order to turn waste into resources, landfill gas at all operating strategic landfills is used for power generation to support infrastructure facilities at the landfills and the supply of heat for use by leachate treatment plants. Residual landfill gas will be treated and exported to the town gas supply network, or be used for generation of electricity for connection to the public grid. The two operating waste-to-energy facilities turn thermal energy generated from handling food waste and sludge into electricity for the operation of the facilities, while the surplus electricity will be exported to the public power grid. To enhance resource circulation, the study on the planning of future waste disposal and transfer facilities would be conducted. In order to achieve carbon neutrality in waste disposal before 2050, the Hong Kong SAR Government has set an interim "waste reduction" targets to strive to develop sufficient waste-to-energy facilities by 2035 in order to move away from reliance on landfills for disposal of municipal waste disposal and support the development of a circular economy; to reduce per capita daily disposal of Municipal Solid Waste (MSW) MSW progressively by 40%~45% and raise the recovery rate to about 55% through the implementation of various waste reduction measures, including MSW Charging and other waste reduction and recycling measures. The first-phase of the regulation of disposable plastic tableware is also expected to be implemented earlier than 2025 as originally planned.

Please refer to Table 4-5 for the details of the mitigation measures in various sectors and their outcomes.

Table 4-5 Overview of Hong Kong's Mitigation Actions and Effects In Various Sectors

No.	Action Name	Action Targets or major Components	Covering Sectors/ GHG	Time Frame	Nature of Action (Mandatory/ Voluntary, Government/ Market)	Supervising Department	Status (Under planning/In-progress/ Completed)	Progress Information	Methodologies and Assumptions	Estimated Emission Reduction Effect	Supported By
1	*Hong Kong's Climate Action Plan 2030+* and *Hong Kong's Climate Action Plan 2050*	The Hong Kong SAR Government released *the Hong Kong's Climate Action Plan 2030+* in January 2017, wherein a target is set to reduce the carbon intensity by 65%~70% by 2030. compared with the 2005 level. In October 2021, the Hong Kong SAR. Government released *the Hong Kong's Climate Action Plan 2050*, setting out four major	All sectors/CO_2, CH_4, N_2O and fluorinated gases	2017-2050	Mandatory/ Government	Hong Kong Environment and Ecology Bureau (the EEB)[11]	In progress	Carbon emissions per capita were reduced to 4.5 tons in 2020, and carbon intensity reduced by 42% from that of 2005	The rate of decrease of per capita carbon emissions = (1 - target year per capita carbon emissions/base year per capita carbon emissions) × 100% The rate of decrease of carbon intensity =	By 2035, Hong Kong's GHG emission reduction is expected to be half of the level in 2005, and carbon neutrality will be achieved by 2050.	The Hong Kong SAR Government

[11] Formerly the Environment Bureau. The Environment and Ecology Bureau (EEB) was established on 1 July, 2022 under the Hong Kong SAR Government's re-organisation. The newly established EEB is to expand the functions of the former Environment Bureau and is in charge of a more integrated portfolio, including environmental protection, conservation of natural ecology, environmental hygiene, food safety, agriculture, fisheries and animal welfare. The establishment of the EEB achieves synergy to further enhance Hong Kong's overall environment and maintain environmental hygiene, as well as taking forward the relevant work on tackling climate change and promoting biodiversity.

No.	Action Name	Action Targets or major Components	Covering Sectors/ GHG	Time Frame	Nature of Action (Mandatory/ Voluntary, Government/ Market)	Supervising Department	Status (Under planning/In-progress/ Completed)	Progress Information	Methodologies and Assumptions	Estimated Emission Reduction Effect	Supported By
		carbon-reduction strategies: net-zero electricity generation, energy-saving and green buildings, green transport, and territory-wide waste reduction. The Hong Kong SAR Government pledges to achieve carbon neutrality by 2050 and reduce carbon emissions by 50% before 2035 compared with the 2005 level. Besides the aforementioned carbon reduction targets, the two Plans also include details of the key measures in the areas of mitigation, adaptation and resilience							(1 - target year carbon intensity/ base year carbon intensity) × 100%		

No.	Action Name	Action Targets or major Components	Covering Sectors/ GHG	Time Frame	Nature of Action (Mandatory/ Voluntary, Government/ Market)	Supervising Department	Status (Under planning/In-progress/ Completed)	Progress Information	Methodologies and Assumptions	Estimated Emission Reduction Effect	Supported By
Energy-Saving Green Buildings											
2	*Energy Saving Plan for Hong Kong's Built Environment 2015-2025+*	The plan is the first-ever energy saving blueprint in Hong Kong. It analyses energy use in Hong Kong and sets out the policies, strategy, target and key actions that can help Hong Kong achieve the target of energy saving	Energy/ CO_2	2015-2025	Mandatory/ Voluntary/ Government/ Market	The EEB	In progress	Taking 2005 as the base year, the blueprint sets out the target is to achieve a 40% reduction in energy intensity (i.e., energy end-use per unit of GDP) by 2025. Energy intensity has been reduced by more than 30% from 2005 to 2019	Emission reduction= energy savings×emission factors	Emission reduction is expected to be 1.4 Mt/a by 2025	The Hong Kong SAR Government

No.	Action Name	Action Targets or major Components	Covering Sectors/ GHG	Time Frame	Nature of Action (Mandatory/ Voluntary, Government/ Market)	Supervising Department	Status (Under planning/In-progress/ Completed)	Progress Information	Methodologies and Assumptions	Estimated Emission Reduction Effect	Supported By
3	*Buildings Energy Efficiency Ordinance*	The *Buildings Energy Efficiency Ordinance* requires central building services installations in newly completed or substantially renovated buildings to comply with the energy efficiency standards required under the *Code of Practice for Energy Efficiency of Building Services Installations*. The Ordinance also requires owners of commercial buildings to conduct mandatory energy audits of central building services installations every 10 years in accordance with the *Code of Practice for Building Energy Audits*. Both codes are regularly reviewed at 3-year intervals	Building/ CO_2	Since 2012	Mandatory/ Government/ Market	The EEB/ Electrical and Mechanical Services Department (the EMSD)	In progress	Electricity demand reduction. During the revision of the 2021 version of the *Code of Practice for Energy Efficiency of Building Services Installations* and the *Code of Practice for Building Energy Audits*, the latest technology and internationally accepted energy efficiency standards were reviewed to keep abreast with the latest development	Emission reduction= energy savings × emission factors	Emission reduction is expected to be 2.4 Mt/a by 2025 (3 Mt/a in 2028)	The Hong Kong SAR Government

No.	Action Name	Action Targets or major Components	Covering Sectors/ GHG	Time Frame	Nature of Action (Mandatory/ Voluntary, Government/ Market)	Supervising Department	Status (Under planning/In-progress/ Completed)	Progress Information	Methodologies and Assumptions	Estimated Emission Reduction Effect	Supported By
4	Mandatory Energy Efficiency Labelling Scheme (MEELS)	Under the MEELS, all prescribed products[12] supplied in the market must come with energy labels to inform customers of the products' energy efficiency performance	Energy/CO_2	Since 2009	Mandatory/ Government/ Market	The EEB/the EMSD	In progress	Electricity demand reduction. The scheme is deployed in stages. By 2020, the Plan has covered 8 types of prescribed products	Emission reduction= energy savings×emission factors	Emission reduction is expected to be 0.72 Mt/per year by 2025	The Hong Kong SAR Government

[12] "Prescribed products" means a specified product in the Energy Efficiency (Labelling of Products) Ordinance.

No.	Action Name	Action Targets or major Components	Covering Sectors/ GHG	Time Frame	Nature of Action (Mandatory/ Voluntary, Government/ Market)	Supervising Department	Status (Under planning/In-progress/ Completed)	Progress Information	Methodologies and Assumptions	Estimated Emission Reduction Effect	Supported By
5	District cooling system (DCS) in the Kai Tak Development (KTD)	The DCS in KTD is a large-scale centralised air-conditioning system. It utilises sea water to produce chilled water at the central plants and distributes the chilled water to consumer buildings in the KTD through the underground water piping network. The DCS project will be completed by 2028	Energy/CO_2	2011-2028	Voluntary/ Government/ Market	The EEB/the EMSD	In progress	Electricity demand reduction. The existing DCS was commenced operation in 2013, with new DCS projects commenced in December 2020 to tie in with the increased development density in the district	Emission reduction= energy savings×emission factors	The estimated emission reduction is 96.6 kt/a since the DCS is fully implemented in 2028	The Hong Kong SAR Government

No.	Action Name	Action Targets or major Components	Covering Sectors/ GHG	Time Frame	Nature of Action (Mandatory/ Voluntary, Government/ Market)	Supervising Department	Status (Under planning/In-progress/ Completed)	Progress Information	Methodologies and Assumptions	Estimated Emission Reduction Effect	Supported By
6	Wider use of more energy - efficient water-cooled air conditioning system for fresh water cooling towers	Since the launch of the Fresh Water Cooling Tower Scheme in 2000 to the end of 2020, over 2,800 cooling towers were built, and have commenced operation. It is estimated that the construction of about 750 cooling towers will be completed from 2021 to 2025. The EMSD will continue to promote a wider use of fresh water cooling towers	Energy/CO_2	Since 2000	Voluntary/ Government/ Market	The EEB/the EMSD	In progress	Electricity demand reduction	Emission reduction= energy savings×emission factors	The estimated emission reduction is 500 kt/a since the DCS is fully implemented in 2025	The Hong Kong SAR Government

No.	Action Name	Action Targets or major Components	Covering Sectors/ GHG	Time Frame	Nature of Action (Mandatory/ Voluntary, Government/ Market)	Supervising Department	Status (Under planning/In-progress/ Completed)	Progress Information	Methodologies and Assumptions	Estimated Emission Reduction Effect	Supported By
Green Transport											
7	Hong Kong Roadmap on Popularisation of Electric Vehicles (The Roadmap)	In 2021, the Hong Kong SAR Government released the first *Hong Kong Roadmap on Popularisation of Electric Vehicles* (hereinafter referred to as the Roadmap) with a vision of "Zero Carbon Emissions, Clean Air, and Smart City." The Roadmap covers long-term policy targets and plans to promote electric vehicles (EVs) in order to achieve zero vehicle emissions by 2050. Multi-facet measures are raised in the Roadmap, including the goal to cease new registrations of fuel and hybrid private cars by 2035	Energy/CO_2	Since 2021	Mandatory/ Government	The EEB/ Environmental Protection Department (the EPD)	In progress	The number of EVs in Hong Kong has grown more than 100-fold from about 180 in 2010 to over 18,500 in 2020	-	-	The Hong Kong SAR Government

No.	Action Name	Action Targets or major Components	Covering Sectors/ GHG	Time Frame	Nature of Action (Mandatory/ Voluntary, Government/ Market)	Supervising Department	Status (Under planning/In-progress/ Completed)	Progress Information	Methodologies and Assumptions	Estimated Emission Reduction Effect	Supported By
Turn Waste to Energy											
8	Sludge Treatment Facility (T·PARK)	The dedicated Sludge Treatment Facility commenced operation in April 2015. It adopts advanced incineration technology to handle sewage sludge generated from the sewage treatment works. Thermal energy generated from incineration is turned into electricity to fully meet the energy needs of the facility. Surplus electricity from the facility is exported to the public power grid	Energy and waste disposal/ CO_2 and CH_4	Since 2015	Mandatory/ Government	The EPD	In progress	GHG Reduction	Emission reduction= Amount of alternative fossil energy × emission factors + landfill gas reduction	The estimated emission reduction is 240 kt/a	The Hong Kong SAR Government

No.	Action Name	Action Targets or major Components	Covering Sectors/ GHG	Time Frame	Nature of Action (Mandatory/ Voluntary, Government/ Market)	Supervising Department	Status (Under planning/In-progress/ Completed)	Progress Information	Methodologies and Assumptions	Estimated Emission Reduction Effect	Supported By
9	Organic Resources Recovery Centre (ORRC) - Phase 1 (O·PARK 1)	The O·PARK 1 commenced operation in July 2018. It adopts biological treatment technologies to turn food waste from commercial and industrial sectors into useful resources such as biogas and compost products	Energy and waste disposal / CO_2, CH_4 and N_2O	Since 2018	Construction: Government Use: Voluntary/ Market/ Government	The EPD	In progress	GHG Reduction	Emission reduction= Amount of alternative fossil energy × emission factors + landfill gas reduction	The estimated emission reduction is 42 kt/a	The Hong Kong SAR Government
10	Organic Resources Recovery Centre (ORRC) - Phase 2 (O·PARK 2)	The Hong Kong SAR Government started the design and construction of the O·PARK 2 in September 2019. The facility will adopt biological treatment technologies to turn food waste from commercial and industrial sectors into useful resources which including biogas and fertiliser	Energy and waste disposal / CO_2, CH_4 and N_2O	Since 2024	Construction: Government Use: Voluntary/ Market/ Government	The EPD	Under Construction	GHG Reduction	Emission reduction= Amount of alternative fossil energy × emission factors + landfill gas reduction	The estimated emission reduction is 67 kt/a	The Hong Kong SAR Government

No.	Action Name	Action Targets or major Components	Covering Sectors/ GHG	Time Frame	Nature of Action (Mandatory/ Voluntary, Government/ Market)	Supervising Department	Status (Under planning/In-progress/ Completed)	Progress Information	Methodologies and Assumptions	Estimated Emission Reduction Effect	Supported By
11	Integrated Waste Management Facilities Phase 1 (I·PARK 1)	The Hong Kong SAR Government started the design and construction of the I·PARK1 in December 2017 and the facility will adopt modern waste-to-energy technology to substantially reduce the volume of waste and turn waste into energy	Energy and waste/CO_2	Since 2025	Mandatory/ Government	The EPD	Under Construction	GHG Reduction	Reduction of GHG Emission Energy from waste instead of alternative fossil fuels × appropriate emission factors + GHG avoided at landfill gas reduction	The estimated emission reduction is 440 kt/a	The Hong Kong SAR Government

Through the implementation of the aforementioned policies and actions, Hong Kong has made significant achievements in controlling GHG emissions. The total GHG emissions has been gradually declined. The per capita carbon emissions were reduced from 6.1 t in 2005 to 4.5 t in 2020. The carbon intensity reduced by 43% as compared with 2005 level. To achieve carbon neutrality, the Hong Kong SAR Government will invest about HK$240 billion over the next 15~20 years to implement various climate change mitigation and adaptation measures, including promoting renewable energy, energy efficiency and green buildings, green transport and waste disposal, strengthening coastal defence, carrying out slope stabilisation and drainage improvement works, etc.

2.2 Hong Kong's MRV Related Information

Regarding Hong Kong's mitigation actions, the Hong Kong SAR Government set up the Steering Committee on Climate Change (SCCC) in 2016, chaired by the Chief Secretary for Administration, so as to strengthen the steering and co-ordination of the Government's cross-departmental efforts in addressing climate change. To strive for carbon neutrality by 2050, the Hong Kong SAR Government upgraded the SCCC to become the Steering Committee on Climate Change and Carbon Neutrality (SCCCN) in 2021. Chaired by the Chief Executive personally, the SCCCN is responsible for formulating the overall strategy and oversees implementation and coordination. Subsequently, the Office of Climate Change and Carbon Neutrality was set up under the Environment and Ecology Bureau (EEB) to strengthen the co-ordination and promotion of in-depth carbon reduction. The EEB also formed a dedicated advisory committee to encourage active participation of all sectors of the community, including young people, in actions to address climate change.

In December 2012, to facilitate the development of the GHG validation and verification, Hong Kong introduced licensing service for GHG validation and verification bodies, which allows the accredited validation/verification bodies to validate and verify GHG emission reports in accordance with the ISO 14064 standard.

Part V

Basic Information of Macao SAR on Addressing Climate Change

Macao SAR (hereinafter referred to as Macao) is a special administrative region of China. It is a vibrant city featuring mild climate, limited natural resources, high population density and a highly-developed gaming industry. It is also a world-renowned destination for tourism and entertainment[13].

[13] General information and government agencies of Macao SAR were introduced in The People's Republic of China Fourth National Communication on Climate Change (4NC) and shall not be repeated in this report. Please refer to relevant content in 4NC.

Chapter 1 Macao SAR's GHG Inventory

In the process of compiling Macao's GHG inventory, references had been made to the 2006 IPCC Guidelines and the 2019 Refinement to the 2006 IPCC Guidelines for National Greenhouse Gas Inventories, certain calculating parameters and emission factors were referred to the defaulted values of the Revised 1996 IPCC Guidelines. In accordance with the actual situation and the availability of certain data, Macao's GHG Inventory in 2018 covered GHG emissions from energy and urban waste treatment. The reported GHGs cover carbon dioxide (CO_2), methane (CH_4) and nitrous oxide (N_2O).

1.1 Overview

In 2018, Macao's total GHG emissions (Table 5-1), amounted to about 1,329 kt CO_2 eq, among which emissions from energy accounted for about 94.7%, while emissions from waste accounted for about 5.3% (Figure 5-1). In 2018, about 1,231 kt of CO_2 was emitted, accounting for about 92.6% of the total GHG emissions; CH_4 emissions were about 14 kt CO_2 eq, accounting for about 1.1%; and N_2O emissions were about 84 kt CO_2 eq, accounting for about 6.3% (Figure 5-2).

Table 5-1 Macao's Total GHG in 2018

Unit: kt CO_2 eq

	CO_2	CH_4	N_2O	HFCs	PFCs	SF_6	Total
Energy	1,228	6	23				1,258
Industrial Processes	NE	NE	NE	NE	NE	NE	NE
Agriculture		NO	NO				NO

	CO_2	CH_4	N_2O	HFCs	PFCs	SF_6	Total
Land-Use Change and Forestry (LUCF)	NE	NE	NE				NE
Waste	2	8	61				71
Total (without LUCF)	1,231	14	84	NE	NO	NO	1,329
Total (with LUCF)	1,231	14	84	NE	NO	NO	1,329

Notes: 1. Due to rounding, the aggregation of various items may be slightly different from the total;

2. NO (not occurred) stands for sources or sinks which do not exist; NE (not estimated) stands for emissions by sourses and removals by sinks which have not been estimated.

Table 5-2 Macao's GHG Inventory in 2018

Unit: hundred ton

GHG sources and sink categories	CO_2	CH_4	N_2O
Total (without LUCF)	12,306.6	6.8	2.7
Energy	12,281.9	3.1	0.7
– Fuel combustion	12,281.9	3.1	0.7
♦Energy industry	4,989.7	1.9	0.4
♦Manufacturing and construction industries	1,026.2	0.0	0.0
♦Transport	4,213.6	1.1	0.4
♦Other factors	2,052.5	0.0	0.0
– Fugitive emissions	NE	NE	
Industrial processes	NE	NE	NE
Agriculture		NO	NO
LUCF	NE	NE	NE
Waste	24.6	3.7	2.0
– Solid waste disposal	24.6	0.0	0.0
– Wastewater handling		3.7	2.0
Memo Items			
– Special regional aviation	4,298.2	0.0	0.1

GHG sources and sink categories	CO_2	CH_4	N_2O
– Special regional marine	2,007.4	0.2	0.1
– International aviation	2,813.3	0.0	0.1
– International marine	NO	NO	NO
– Biomass combustion	2,839.3		

Notes: 1. Due to rounding, the aggregation of various items may be slightly different from the total;

2. NO (not occurred) stands for sources or sinks which do not exist; NE (not estimated) stands for emissions by sourses and removals by sinks which have not been estimated;

3. The data of HFCs, PFCS and SF_6 related activities that are not collected and estimated in the industrial processes are presented as NE in total;

4. Fugitive emissions from fuels and LUCF cannot be estimated due to the in-progress statistics system;

5. Values given in "Memo Items" are not counted in the total emission, and CO_2 emissions from biomass combustion only include those from biogenic waste incineration;

6. Special Regional waterborne-navigation and aviation refer to shipping and airplanes between Macao and other areas in China (including Hong Kong SAR and Taiwan area) ;

7. 0.0 indicates calculation results that is less than 0.05.

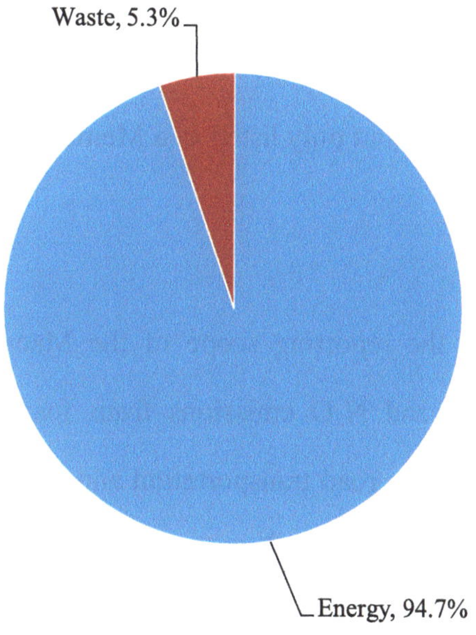

Figure 5-1 2018 GHG emissions in Macao by sector

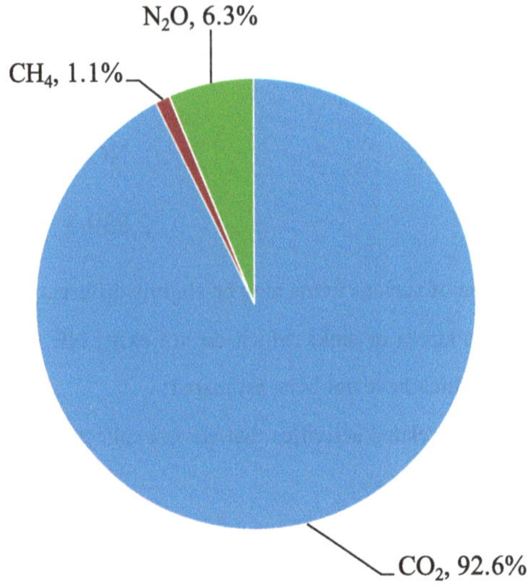

Figure 5-2 2018 GHG emissions in Macao by gas

Macao's GHG emissions from its international aviation and special regional aviation in 2018 were about 718 kt CO_2 eq and those from special regional marine were about 203 kt CO_2 eq. Besides, CO_2 emissions from urban biomass waste burning were about 284 kt. The total GHG emissions from above activities were about 1,205 kt CO_2 eq which were not counted into the total emissions but only listed as a Memo item as required.

1.1.1 Energy

For energy activities, the reporting scope of the Macao's GHG Inventory in 2018 mainly covered CO_2, CH_4 and N_2O emissions from fossil fuel combustion in energy, manufacturing and construction, road transportation and other sectors. Considering the fact that incineration is the primary means of waste handling, and that the power generated in waste incineration is transmitted to Macao's power grid, therefore the GHG emissions from fossil components (like cloth and plastic) combustion were counted into energy activities, while CO_2 emissions from biomass combustion of urban waste was not counted into the total emissions but only listed as a Memo item.

For the GHG inventory for energy activities, Tier 1 method recommended in the 2006 IPCC Guidelines was applied for CO_2, CH_4 and N_2O emissions caused by fossil fuel combustion from energy processing and transformation, manufacturing, construction, road transport, other sectors, as well as fossil-fuel burning from special region water transportation. For those from international aviation and special region aviation, Tier 2 method recommended in the 2006 IPCC Guidelines was adopted.

The activity level data were the statistical and sectoral data released by the Macao Government. Both sector and fuel categories are basically the same as those given in the 2006 IPCC Guidelines.

The emission factors were mainly from the 2006 IPCC Guidelines and the 2019 Refinement to the 2006 IPCC Guidelines. A small percentage of the emission factors were the defaulted values from the 1996 IPCC Guidelines.

Macao's GHG emissions from energy-related activities in 2018 were about 1,258 kt CO_2 eq (1,228 kt CO_2, 6 kt CH_4 and 23 kt N_2O), accounting for 94.7% of its total emissions. CO_2 emissions from the energy sector accounted for 99.8% of the total emissions.

Among Macao's total GHG emission from energy sector in 2018, 514 kt CO_2 eq were from energy processing and transformation, accounting for 40.9%; 435 kt CO_2 eq were from road transportation, accounting for 34.6%; 206 kt CO_2 eq were from other sectors (including commercial business, restaurants, hotels and residential), accounting for 16.3%; and 103 kt CO_2 eq were from manufacturing and construction, accounting for 8.2%.

1.1.2 Waste

The reporting scope of Macao's GHG inventory for waste treatment mainly covers CH_4 and N_2O emissions from urban sewage treatment, and CO_2, CH_4 and N_2O emissions from solid waste incineration.

Tier 1 method given in the 2006 IPCC Guidelines and the 2019 Refinement to the 2006 IPCC Guidelines was adopted for measuring GHG emissions from waste treatment in

Macao.

Activity data of N_2O emissions from wastewater handling were based on the total population provided by the Macao Statistics and Census Service(DSEC). Macao's per capita annual protein consumption in 2018 was provided by the Food and Agriculture Organization of the United Nations. The N_2O emission factors were based on IPCC default values; CO_2, CH_4 and N_2O emissions from waste incineration were estimated using the activity data provided by DSEC and Environmental Protection Bureau of Macao, as well as the IPCC recommended default emission factors.

In 2018, Macao's total GHG emission from waste disposal was 71 kt CO_2 eq, accounting for 5.3% of the total emission of Macao, of which emissions from wastewater handling and waste incineration were 68 kt CO_2 eq and 3 kt CO_2 eq, accounting for 96.4% and 3.6% of the total respectively.

1.2 Recalculation of GHG Inventory in 2005

In response to updated estimation methods, expanded scope of calculation and necessary updates of underlying data, we have updated Macao's GHG Inventory in 2005. The recalculated GHG Inventory 2005 uses the same reporting methods of the 2018 GHG Inventory.

Newly increased content in the recalculated GHG Inventory 2005 include the CO_2 emissions from biomass electricity generation (Biogenic solid waste) and CH_4 emissions due to waste incineration.

The recalculated total GHG emissions of Macao in 2005 amounted to about 1,874 kt CO_2 eq (Table 5-3), among which CO_2, CH_4, and N_2O accounted for 96.8%, 0.5% and 2.7% respectively.

Table 5-3 Macao's GHG Emissions in 2005

Unit: kt CO_2 eq

	CO_2	CH_4	N_2O	HFCs	PFCs	SF_6	合计
Energy	1,813	4	13				1,831
Industrial processes	NE	NE	NE	NE	NE	NE	NE
Agriculture		NO	NO				NO
LUCF	NE	NE	NE				NE
Waste	1	5	37				43
Total (without LUCF)	1,814	10	51	NE	NO	NO	1,874
Total (with LUCF)	1,814	10	51	NE	NO	NO	1,874

Notes: 1. Due to rounding, the aggregation of various items may be slightly different from the total;

2. NO (not occurred) stands for sources or sinks which do not exist; NE (not estimated) stands for emissions by sourses and removals by sinks which have not been estimated.

Energy is the main source of CO_2 emissions in Macao. The total CO_2 emissions of Macao in 2005 amounted to 1,814 kt, of which 1,813 kt were from energy-related activities, 1 kt were from solid waste of fossil origin.

The CH_4 emissions in Macao are mainly from waste treatment. In 2005, total 454 tons of CH_4 were emitted, equivalent to 10 kt CO_2 eq; among which 56.4% were from waste treatment and 43.6% from energy-related activities.

The N_2O emissions in Macao are mainly from waste treatment. In 2005, total 163 tons of N_2O were emitted, equivalent to 51 kt CO_2 eq; among which 73.5% were from waste treatment and 26.5% from energy-related activities.

1.3 Quality Assurance and Quality Control

1.3.1 Efforts to Reduce Uncertainties

To reduce uncertainties of the inventory, methodologies from the 2006 IPCC Guidelines and the 2019 Refinement to the 2006 IPCC Guidelines were adopted to ensure that the methodologies were scientific, comparable and consistent. The institutions who are engaged in the preparation of the inventory in Macao have selected as many higher-tier methods as reality allows. For example, the Tier 2 methods were adopted for international aviation and special region aviation for being a more detailed approach. As for activity data, the institutions have used the data verified by Macao governmental departments such as the Statistics and Census Service, Civil Aviation Authority, Environmental Protection Bureau, Transport Bureau and other governmental departments as much as possible to ensure the authority of the activity data. The national inventory team was invited as the third-party expert team to review the Macao GHG Inventory during the compilation process.

1.3.2 Uncertainty Analysis

Although great efforts have been made in the reporting scope, methodology and quality by the Macao Inventory Team in the preparation of its 2018 GHG Inventory, some uncertainties still exist.

The Tier 1 method from the 2006 IPCC Guidance was applied by the Macao Inventory Team to calculate uncertainties, taking into account the emission factor uncertainty estimation approach in the 2006 IPCC Guidelines and the 2019 Refinement to the 2006 IPCC Guidelines. The uncertainty of Macao's total GHG emissions in 2018 was about 13.0%. The uncertainty of the fields of energy and waste were 10.3% and 161.3% respectively (Table 5-4).

Table 5-4 Results of Uncertainty Analysis of GHG Inventory in 2018

	Emissions (kt CO_2 eq)	Uncertainty
Energy	1,258	10.3%
Waste	71	161.3%
Total uncertainty	13.0%	

Chapter 2 Macao SAR's Mitigation Actions and Their Effects

2.1 Analysis of Key Mitigation Actions and Their Effects

In 2016, the Government of the Macao Special Administrative Region (hereinafter referred to as the Macao Government) formulated the Five-Year Development Plan of the Macao SAR (2016-2020) wherein it is provided that the Macao Government will actively follow the country's green development strategy, and encourage a green, low-carbon, low-emission, modern and healthy lifestyle. In 2021, the Macao Government released the 2nd Five-Year Development Plan for Economic and Social Development of Macao SAR (2021-2025) which further establishes the target of GHG control as follows: GHG emissions per unit of GDP will be cut by 55% by 2025 from the 2005 level, and efforts will be made to achieve peak emissions in or by 2030.

To achieve the goal mentioned above, the Macao Government implemented a series of mitigation actions. In the energy sector, it has been gradually increasing the proportion of natural gas power generation and the proportion of clean electricity from imported electricity; promoting renewable energy including photovoltaic power generation and improving its energy consumption structure. The percentage of power generation by natural gas in Macao increased from 52.9% in 2017 to 57.1% in 2020. The public natural gas pipe network construction within Cotai District has generally been completed. Construction of the Taipa-Macao Peninsula Natural Gas Cross-sea Pipeline was commenced in 2021. Once complete, the natural gas pipeline network will be expanded to southern part of the Macao peninsula, helping residence to reduce the consumption of liquefied petroleum gas.

As for transportation, the Macao Government has been actively reducing energy consumption and carbon emission at airports, implementing the public transportation-first policy, developing a light-rail-centered public transportation network, and promoting the use of environment-friendly and energy-saving vehicles. In 2019, the LRT Taipa Line was put into operation. Covering the main residential areas of Taipa city center, the old town and the tourist area, it carried more than 820,000 passengers during its first month of operation. By 2020, Macao had introduced 543 environment-friendly buses that meet Euro IV or V standards, an increase of 29% than that of 2016; 69 natural-gas-fueled buses, an increase of 53% than that of 2016. Ten range-extended electric buses were also introduced in Macao.

In terms of energy conservation and energy efficiency, the Macao Government has put the energy management mechanism into full implementation. Specific measures include making energy conservation plans for its public departments and organizations, and monitoring and managing the use of energy to improve their energy efficiency. Based on the minimum energy performance standards in neighboring regions, the Macao Government has promulgated its own minimum energy performance standards that suit Macao's conditions and serve as guidance to all sectors in Macao for better energy-conservation targets and improvement of energy management levels. Macao has fully implemented the LED Street Lamps Replacement Plan. By the end of 2021, about 54% of street lamps in Macao were LED lamps.

In terms of the hospitality industry and tourism, since 2007, Macao has held the selection of "Macao Green Hotel Award" winners annually to promote hospitality and related industries in an environment-friendly, low-carbon and clean way. As of 2020, about 50% of the hotels in Macao were green hotels. In 2020, the number of EV charging stations at award-winning "green" hotels increased by 70% compared to that of 2019; the number of "green" hotels that provide electric shuttle buses also increased by more than 30%.

In terms of urban greening, the Macao Government has been planting new trees to actively increase the proportion of green space in Macao and increase its 3D greening space in various regions. During the period of 2017-2020, more than 4,000 new trees were planted in parks, rest areas and sidewalks; more than 10,000 mangrove saplings were planted in the Leisure Area on Taipa Waterfront; and more than 6,000 trees were cultivated to transform the forest region in Coloane.

With Macao's active promotion of the ideas of environment-friendly and energy-saving, low-carbon Macao and green life, and the implementation of a series of emission reduction policies and relevant measures, its GHG emission (CO_2 eq) per capita in 2018 was reduced by about 25.5% over 2017; and GHG emission (expressed in CO_2 eq) per unit of regional GDP was reduced by about 27.7% over 2017. Table 5-5 for detailed mitigation measures and effects.

2.2 Macao's MRV Work

Macao is still in the initial stage of its MRV work. With regard to Macao's GHG inventory, a preliminary fundamental statistical and accounting system has been established. In 2016, the Macao Government revised its Nomenclature for the External Trade of Macao/Harmonized System, including the statistics of substitutes for ozone-depleting substances (ODS). In the past few years, Macao has been cooperating with the central government in completing and submitting its own GHG inventory for four years in accordance with the IPCC Guidelines, which has been evaluated by domestic and international expert groups. As for corporate inventory, a GHG MRV seminar was organized in 2016 and national experts were invited to share their experiences in order to raise the awareness of Macao's major energy-consuming organizations on MRV of GHG emissions. Thereafter, the Macao Government also conducted research work among large enterprises to prepare for the promotion of carbon audits in the hotel industry.

Table 5-5 Overview of Macao's Mitigation Actions and Effects

No.	Name	Objectives or Main Contents	Concerned Departments/ GHG	Time Frame	Nature of Action	Supervision Departments	Status	Progress	Methodologies and Assumptions	Estimated Emission Reduction Effects	Support Received
1	Increase the share of natural gas power generation	Macao introduced electricity generated by natural gas in 2008, and gradually increased the share of natural gas power generation.	Energy/CO_2	Since 2008	Government	Environmental Protection Bureau	In Progress		Emission reduction = (natural gas consumption × natural gas CO_2 emission factors) – (heavy oil consumption × heavy oil CO_2 emission factors) Reference Year: 2008	From 2008 to 2020, total GHG reduction was 320 kt CO_2 eq	Macao Government
2	Participated in Airport Carbon Accreditation launched by the Airports Council International	Reduced carbon emissions per aircraft taking-off/landing by 20% in 2018 compare to 2012. By increasing energy and fuel efficiency of airports and vehicle groups, Macao strengthened waste management and recycling, and reduced airport carbon emission	Energy, Waste/CO_2, CH_4, N_2O	2012-2018	Voluntary	Civil Aviation Authority	Completed		Carbon reductions per aircraft taking-off/ landing = Carbon emissions per aircraft taking-off/ landing in the current year – Carbon emissions per aircraft taking off/landing in the base year Reference Year: 2012 Boundary of Emission Sources: Based on the requirements for Class II in Airport Carbon Accreditation Scheme, the amounts from direct emission and indirect energy emission shall be computed	Carbon emission per aircraft taking-off/ landing was reduced by 26.7% in 2018 compare to that in 2012	Macau International Airport Company Ltd, Administration of Airports, Ltd and Environmental Protection and Energy Conservation Funds

No.	Name	Objectives or Main Contents	Concerned Departments/ GHG	Time Frame	Nature of Action	Supervision Departments	Status	Progress	Methodologies and Assumptions	Estimated Emission Reduction Effects	Support Received
3	Reduce carbon emissions per aircraft taking-off/ landing	Reduced carbon emissions per aircraft taking-off/landing by 30% in 2028 compare to 2018. Reduce carbon emissions by increasing energy efficiency, replace old lightening system and vehicle groups, control the energy consumption of the airport building and strengthened waste management and recycling	Energy, Waste/CO_2, CH_4, N_2O	Since 2018	Voluntary	Civil Aviation Authority	In Progress		Carbon reductions per aircraft taking-off/ landing = Carbon emissions per aircraft taking-off/ landing in the current year – Carbon emissions per aircraft taking off/landing in the base year Base Year: 2018 Boundary of Emission Sources: Based on the requirements for Class II in Airport Carbon Accreditation Scheme, the amounts from direct emission and indirect energy emission shall be computed		Macau International Airport Company Ltd. and Administration of Airports, Ltd.

No.	Name	Objectives or Main Contents	Concerned Departments/ GHG	Time Frame	Nature of Action	Supervision Departments	Status	Progress	Methodologies and Assumptions	Estimated Emission Reduction Effects	Support Received
4	Promoted the use of environment-friendly vehicle	Provided tax benefits for new motor vehicles complying with standards for environmental protection and emissions. The main target is to encourage citizens to use environment-friendly vehicles in order to reduce emissions of CO_2 and exhaust pollutants	Energy/CO_2	Since 2012	Government/ Voluntary	Environmental Protection Bureau	In Progress		Emission reduction = fuel savings × CO_2 emission factors caused by gasoline combustion Base Year: 2012	From 2012 to 2020, total GHG reduction was 94 kt CO_2 eq	Macao government
5	Energy efficient and energy saving plan for public sectors and institutions	By developing their own energy-saving plans, the public sectors/institutions are able to manage daily energy use	Energy/CO_2	Since 2007	Government / Voluntary	Environmental Protection Bureau	In Progress		Emission reduction = Power savings × power generation emission factor Base Year: 2007	From 2008 to 2020, total GHG reduction was 14 kt CO_2 eq	Macao Government

No.	Name	Objectives or Main Contents	Concerned Departments/ GHG	Time Frame	Nature of Action	Supervision Departments	Status	Progress	Methodologies and Assumptions	Estimated Emission Reduction Effects	Support Received
6	LED public outdoor Lighting application	Replace and install LED street lights	Energy/CO_2	Since 2010	Government	Environmental Protection Bureau	In Progress		Emission reduction = Power savings × power generation emission factor Base Year: 2010	From 2010 to 2020, total GHG reduction was 3 kt CO_2 eq	Macao Government
7	LED public local lighting application	Install LED lights at footbridges, parks and public toilets	Energy/CO_2	Since 2015	Government	Municipal Affairs Bureau	In Progress		Emission reduction = Power savings × power generation emission factor Base Year: 2015	From 2015 to 2020, total GHG reduction was 7 kt CO_2 eq	Macao Government

In the future, the Macao Government will continue to carry forward relevant MRV work. It will continue to improve its fundamental statistics and accounting system to strengthen the statistics in the energy, industry, forestry and waste sectors. It will also actively promote corporate carbon audits, research into and formulate carbon auditing guidelines for different enterprises, and assist them in setting up a comprehensive fundamental statistics system, so as to ensure that Macao's work in combating climate change is up to the standards set by the country and the international community.